水利工程混凝土施工安全管理手册

王仁龙　裴云　范惠生　王建文 等 编著

中国水利水电出版社
www.waterpub.com.cn

·北京·

内 容 提 要

本手册全面总结了水利工程混凝土施工安全管理方面的实践经验。全书共 8 章，包括防护用品使用安全，施工机械、设备使用安全，火工品安全管理，施工作业安全，安装作业安全，其他作业安全，意外事故救护，以及自然灾害防范措施。

本手册可供水利工程混凝土施工安全工作人员及有关工程技术人员使用，也可作为大中专院校相关专业学生的参考书。

图书在版编目（CIP）数据

水利工程混凝土施工安全管理手册 / 王仁龙等编著
. -- 北京：中国水利水电出版社，2020.9
ISBN 978-7-5170-8945-2

Ⅰ. ①水… Ⅱ. ①王… Ⅲ. ①水利工程－混凝土施工
－安全管理－手册 Ⅳ. ①TV513-62

中国版本图书馆CIP数据核字(2020)第190687号

书　　　名	**水利工程混凝土施工安全管理手册** SHUILI GONGCHENG HUNNINGTU SHIGONG ANQUAN GUANLI SHOUCE
作　　　者	王仁龙　裴云　范惠生　王建文　等　编著
出 版 发 行	中国水利水电出版社 （北京市海淀区玉渊潭南路 1 号 D 座　100038） 网址：www. waterpub. com. cn E - mail：sales@waterpub. com. cn 电话：(010) 68367658（营销中心）
经　　　售	北京科水图书销售中心（零售） 电话：(010) 88383994、63202643、68545874 全国各地新华书店和相关出版物销售网点
排　　　版	中国水利水电出版社微机排版中心
印　　　刷	清淞永业（天津）印刷有限公司
规　　　格	170mm×240mm　16 开本　9.5 印张　137 千字
版　　　次	2020 年 9 月第 1 版　2020 年 9 月第 1 次印刷
印　　　数	0001—1000 册
定　　　价	**65. 00 元**

《水利工程混凝土施工安全管理手册》

编撰人员名单

王仁龙　　裴　云　　范惠生　　王建文

关明杰　　李国博　　田晓青　　韩永杰

周慧琴　　闫海雷　　王宇博　　昝伯阳

付晨星

编　撰　单　位

山西省水利水电勘测设计研究院有限公司

从长江三峡、南水北调工程，到山西省大水网工程的建设实践，水利工程混凝土施工安全被提升到了一个前所未有的高度。随着水利工程混凝土施工安全改革的不断深入，编制一本内容翔实、理论深刻、方法适用、指导性强的水利工程混凝土施工安全管理手册，意义深远。

在以往的水利工程混凝土施工安全管理过程中，认识的局限性、水利工程的特殊性、操作手段的落后，使得混凝土施工中出现诸多问题，甚至发生安全事故，导致工程无法按期验收和安全正常使用。

山西省水利水电勘测设计研究院有限公司是我国最早具有甲级综合资质的大型设计、咨询单位，并通过了职业安全健康体系认证。该单位技术力量雄厚，专业配置齐全，先后承担了北京市、河北省、山西省、广西壮族自治区、贵州省、新疆维吾尔自治区、宁夏回族自治区等全国多个省（自治区、直辖市）的水利工程混凝土设计及施工监督工作，积累了雄厚的理论基础和丰富的实践经验，为水利工程混凝土施工安全管理奠定了坚实的基础。

时光如梭，光阴荏苒，伴随着国家安全改革的足迹，工程建设出现了新的变化，水利工程混凝土施工安全管理被赋予了新的使命，未来安全管理前景光明、地位重要。

《水利工程混凝土施工安全管理手册》较为全面地总结了

水利工程混凝土施工安全管理方面的科学研究和实践经验，建立了水利工程混凝土施工安全管理的科学体系。该手册包括现场施工人、财、物的安全，以及意外事故救护等方面，涵盖了水利工程混凝土施工安全管理工作的前期、过程和竣工验收等全过程。该手册提出的安全管理理念和方法颇具新意，见解独特，先进实用，对提高水利工程混凝土施工安全管理能力，具有较强的指导意义。

《水利工程混凝土施工安全管理手册》是一本内容全面、实践经验丰富的书籍，集理论与实际应用为一体，具有较高的理论价值和实用价值，可使水利工程混凝土施工安全管理工作更加条理化、程序化、规范化，具有较强的实用性。该手册结构清晰，层次分明，内容翔实可靠，高度概括，通俗易懂，便于理解和掌握，针对性极强，可为水利工程混凝土施工安全科学管理提供有价值的理论与实践经验，该手册在水利工程混凝土施工安全管理中可广泛推广使用。

王建峰

2020 年 1 月

水利工程混凝土施工安全管理工作具有专业化、程序化、规范化等特点，在施工、监理、管理、监督之间形成一个有机体，它以条例、规程、规范为依据，以设计要求为前提，以提高水利工程混凝土施工安全为保障，以增加水利工程建设效益为目的，对水利工程混凝土施工安全进行科学管理，形成相互协作、相互制约、相互促进的理论框架。实践证明，规范化水利工程混凝土施工安全管理，保证了水利工程混凝土安全施工，保证了工程按计划实施，发挥了良好的社会效益和经济效益。

本手册是在多年水利工程混凝土施工安全管理实践的基础上编制完成的，对水利工程混凝土施工安全管理中人、财、物的安全防护，不安全因素的预防和消除，起到了非常大的作用。本手册源于水利工程混凝土施工安全管理实践，内容具体、翔实、易懂、操作性极强，具有很高的实用价值。

本手册共8章，包括：防护用品使用安全，施工机械、设备使用安全，火工品安全管理，施工作业安全，安装作业安全，其他作业安全，意外事故救护，以及自然灾害防范措施。

本手册的编制得到施工、设计、管理、质量监督机构和水利工程学者、专家及教授的指导和帮助，在此深表感谢。在本手册编制过程中，参考和引用了部分参考文献，谨向文献作者致以谢意。

随着信息化、智能化的发展，水利工程混凝土施工安全管理需要不断完善、提高并增加新的内涵。本手册不妥之处在所难免，恳请广大读者批评指正，以便及时修正和补充。

作者

2020 年 1 月

目 录

第1章

防 护 用 品 使 用 安 全

　　监督检查人员及施工人员进入施工现场，使用的防护用品一般包括安全帽、安全带、防护眼镜、防护鞋、防护手套等。对这些安全防护用品既要做到会正确的使用、佩戴，也要掌握简单的维护、保养和检查的知识。正确使用、科学管理、日常检验安全防护用品是十分必要的。

1.1　防护用品管理职责和权限

1.1.1　监督机构的职责和权限

　　（1）对部分防护用品进行采购。

　　（2）审批防护用品的采购计划。

　　（3）防护用品在使用前，应进行检查。检查防护用品须注意：①产品是否为具备"生产许可证"生产单位提供的产品；②产品是否有"产品合格证书"；③产品是否满足有关质量要求；④产品的规格及技术性能是否与作业的防护要求相吻合。

　　（4）检查进入施工现场的相关人员佩戴情况：施工人员是否按规定正确佩戴人身防护用品等。

1.1.2　工程师的职责和权限

　　（1）制订防护用品的采购计划。

　　（2）采购防护用品须符合下列要求：①产品必须是具备"生产

许可证"的生产单位提供的产品；②产品必须有"产品合格证书"；③产品必须满足有关质量要求；④产品的规格及技术性能必须与作业的防护要求相吻合。

（3）按规定对防护用品进行质量和使用要求的检查，禁止使用不符合要求的防护用品。

（4）严格按规定发放和配置防护用品，确保现场施工人员按要求佩戴防护用品。

1.1.3 监督检查人员的职责

（1）监督检查人员进入施工现场时，必须按规定佩戴防护用品。

（2）监督检查人员在佩戴和使用防护用品时要查验防护用品的质量和性能是否满足使用要求。

1.2 常用的防护用品

施工人员常用防护用品包括安全帽、安全带、防护服、防护眼镜、防护鞋、防护手套等，如图 1.1 所示。

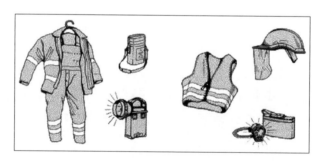

图 1.1 施工人员常用防护用品

1.2.1 安全帽

（1）作用。安全帽是在以下几种情况下，保护人的头部不受伤害或降低头部伤害的程度（见图 1.2）。

1）飞来或坠落下来的物体，击向头部时。

2）当作业人员从 2m 及以上的高处坠落下来时。

3）当头部有可能触电时。

4）在低矮的部位行走或作业，头部有可能碰撞到尖锐、坚硬的物体时。

（2）使用要求。

1）佩戴安全帽前，应将

图 1.2 安全帽

帽后调整带按自己头型调整到适合的位置，然后将帽内弹性带系牢；缓冲衬垫的松紧由带子调节，人的头顶和帽体内顶部空间垂直距离一般为 25～50mm，以不小于 32mm 为宜；这样才能保证当遭受冲击时帽体有足够的空间可供缓冲；正常情况时，有利于头和帽体间的通风。

2）安全帽不允许歪戴，也不允许将帽檐佩戴在脑后；否则，会降低安全帽对于冲击的防护作用。

3）安全帽的下颌带必须扣在颌下，并系牢，松紧应适度，这样不易被大风吹掉，或被其他障碍物碰掉，或因为头部的前后摆动，使得安全帽脱落。

4）安全帽顶部除了在帽体内部安装帽衬外，有时还设置小孔通风；但在使用时不允许为了透气而任意再开孔，否则将降低帽体的强度。

5）安全帽在使用过程中，应定期检查。检查内容包括：安全帽是否有龟裂现象，安全帽是否存在下凹、裂痕和磨损等情况。若发现安全帽有上述情况应立即更换，不得继续使用；任何受过重击、有裂痕的安全帽，无论有无损坏现象，均应报废，不得使用。

6）严禁使用只有下颌带与帽壳连接的安全帽，不允许使用无缓冲层的安全帽。

7）监督人员进入施工现场时，不得将安全帽脱下，搁置一旁，或当坐垫使用。

8）安全帽多数是采用高密度低压聚乙烯塑料制成的，具有硬化和老化的性质，不宜长时间地在阳光下暴晒。

9）新购置的安全帽，首先检查是否有相关部门允许生产的证明及产品合格证，再查看是否破损、薄厚是否均匀等；安全帽缓冲层、调整带、弹性带等是否齐全有效；不符合要求的，应立即调换。

10）在施工现场办公室内，也应佩戴安全帽，防止在施工现场可能发生意外碰撞的情况。

11）使用安全帽时，应保持整洁，不得接触火源，不得任意涂刷油漆，不允许作为凳子使用；安全帽丢失或损坏时，须立即补发或更换。未佩戴安全帽时，不允许进入施工现场。

1.2.2 安全带

（1）作用及要求。安全带是为了防止处于一定高度或位置的作业人员发生坠落的防护用具。现场工作人员、登高和高处作业人员，均应系挂安全带（见图1.3）。

图1.3 安全带的使用示意

（2）使用和维护要求。

1）在思想上应重视佩戴安全带。现场无数事例证明，安全带是"救命带"。总有一部分施工人员，感觉系安全带比较麻烦，上下行走不方便，殊不知事故发生往往就在一瞬间，所以高处作业人员，必须按规定系好安全带。

2）安全带使用前，应检查绳带有无变质、卡环是否有裂纹、卡簧弹跳性是否良好等情况。

3）高处作业，若安全带无固定挂处时，应采用足够强度的钢丝绳或采取其他方法牢牢固定；禁止将安全带悬挂在移动、带尖锐棱角、不牢固的物体上。

4）安全带应高挂低用。将安全带挂在高处，监督人员在下面检查就叫高挂低用；这是一种较为安全合理的科学系挂方式，这样可以避免高处坠落物体的冲击。

5）安全带应拴挂在牢固的构件或物体上，防止摆动或碰撞；安全带连接的绳子不能打结使用；安全带的钩子应与连接环悬挂。

6）安全带的绳索保护套应保持完好，以防绳索磨损；若发现保护套损坏或脱落时，应立即配备新套。

7）安全带严禁擅自接长使用。使用3m及以上的长绳索时，须增加缓冲器，其余各部件不得任意拆除。

8）安全带在使用前，应检查各部位是否完好无损；安全带在使用后，应加强维护和保养；应定期或不定期检查安全带接缝部位及挂钩部分是否完好，详细检查捻线是否存在断裂或残损情况。

9）安全带停止使用时，应妥善保管；不得接触高温、明火、强酸或尖锐物体，不允许在潮湿的仓库中储存。

10）安全带使用两年后，应抽验一次；频繁使用时，应随时检查外观情况，发现异常立即更换；定期或抽样检验频繁使用的安全带，发现异常，杜绝使用。

1.2.3　防护服

（1）作用。进入施工现场的监督人员，应穿着防护服。防护服可用来避免或减轻身体遭受伤害。

（2）防护服有以下几类：

1）全身防护型工作服。全身防护型工作服由头罩、送风管、净化器和上下连接的衣裤组成。

2）防毒工作服。防毒工作服由头巾（帽）、上衣和下装组成，袖口和下摆采用松紧带系紧。

3）耐酸工作服（见图1.4）。耐酸工作服是指采用耐酸性的衣料制成的工作服。

5

4）耐火工作服（见图 1.5）。在加热炉或熔融炉前进行炉前作业时，必须身着耐高温材料制作而成的耐火工作服。

图 1.4　耐酸工作服　　　　　图 1.5　耐火工作服

5）焊工工作服（见图 1.6）。焊工工作服采用白色帆布制作而成。

6）劳动防护雨衣。劳动防护雨衣采用胶布制作而成，能够起到防护雨水的作用。

7）水下作业服（见图 1.7）。水下作业服在水中作业时使用。

图 1.6　焊工工作服　　　　　图 1.7　水下作业服

（3）进入施工现场对监督人员防护服的穿着要求。

1）进入施工现场时，必须身着防护型工作服。

2）在转动机械旁边时，防护型工作服袖口须扎紧。

3）在从事特殊作业的人员身边时，须身着特殊作业防护服。

4）在焊工工作人员身边，应身着焊工工作服。

1.2.4 防护眼镜

（1）作用。防止物质的颗粒和碎屑、火花和热流、耀眼的光线等对眼睛造成伤害。在进入上述施工现场时，应根据防护对象的不同选择和使用不同的防护眼镜。

（2）防护眼镜的种类（按用途分）。

1）防打击的防护眼镜。防打击的防护眼镜包括：①硬质玻璃片护目镜；②胶质黏合玻璃护目镜（受冲击、击打破裂时呈龟裂状，不飞溅）；③钢丝网护目镜。

防护眼镜能防止金属碎片或碎屑、砂尘、石屑、混凝土屑等飞溅物对眼部的打击。在金属切削作业附近、混凝土凿毛作业现场、手提砂轮机作业区域等，均应佩戴平光防护眼镜（见图1.8）。

2）防紫外线和强光的防护眼镜（见图1.9）。防紫外线和强光的防护眼镜包括预防紫外线的防护眼镜和预防辐射线面罩。

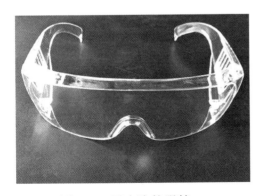

图1.8　平光防护眼镜　　　图1.9　防紫外线和强光的防护眼镜

在焊接工作现场使用的防辐射线面罩应由不导电材料制作，与观察窗、滤光片、保护片等尺寸吻合，无缝隙。防紫外线和强光防护眼镜的颜色是混合色，以蓝、绿、灰色的为好。

3）防灰尘的防护眼镜（见图 1.10）。该眼镜应密闭、遮边、无通风孔等，与面部接触严密。

1.2.5　防护鞋

（1）作用。监督人员在施工现场，常会受到使用工具、操纵机器、搬运材料、调节和检修机械装置的影响，常与各种沉重、坚硬、带棱角的物体接触或受其影响。在具体活动和接触中，监督人员的脚就处于作业姿势的最

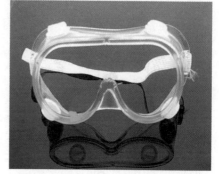

图 1.10　防灰尘的防护眼镜

低部位，在外力或其他因素作用下，突然出现脚部失稳，必然导致身体失去平衡，很可能出现较严重的事故。所以，脚部的安全性是极为重要的。为了实现这一安全目的，应穿上适合施工现场条件的防护鞋（靴）等进行防护。

进入施工现场穿着的防护鞋（靴），必须具备以下条件：

1）物体掉落在鞋面上时，能保护脚部不受伤害。

2）遇到光滑的物体时，如铁梯、钢脚手架，阻止滑动，避免受伤。

3）若脚部踩上钉子、铁屑等尖锐物体时，能保证脚部不受伤害。

4）防护鞋（靴）穿着舒适、合脚、轻便，不妨碍行走和操作。

防护鞋（靴）的种类较多，根据不同的作业环境和工作内容，应选择不同性能的安全鞋（靴）（见图 1.11）。

图 1.11　防护鞋

（2）种类和用途。

1）绝缘鞋（靴）（见图 1.12）。进入带电作业区进行电焊作业时使用。

2）防滑鞋（靴）。进入被油腻污染的作业现场，或正在浇筑混凝土施工现

场时使用。

　　3）胶面防砸安全鞋。在搬运重物或装卸物料的作业区域使用。

　　根据用途不同，施工现场，还可以选择以下安全鞋：①皮安全鞋，在碎石地面上行走或作业时使用；②防静电胶底鞋，在防止产生静电的场所使用，多用于进出炸药库；③胶面防砸安全鞋，在搬运、

图1.12　绝缘靴

钻探作业等施工现场使用；④防刺穿鞋，在有尖锐物、钉子等施工现场使用，如进行拆除作业、房屋建筑作业区；⑤焊接防护鞋，在现场焊接及电焊作业区域使用。

1.2.6　防护手套

　　在危险作业区域，现场作业人员或进入现场的监督人员应慎重、合理地使用防护手套。

　　防护手套种类和使用要求如下：

　　（1）劳动保护手套：具有保护手和手臂的功能，监督人员进入施工现场时，应戴劳动防护手套。

　　（2）绝缘手套：进入带电作业区时，应根据作业区域电压的高低，选择适当的绝缘手套。在使用前，应检查手套表面有无裂痕、裂缝、发黏、发脆等缺陷，发生异常时禁止使用。

　　（3）耐酸、耐碱手套：主要用于可能接触酸或碱时穿戴的手套。

　　（4）橡胶耐油手套：主要用于可能接触矿物油、植物油、脂肪簇等各种溶剂油脂作业区域时穿戴的手套。

　　（5）在焊工作业区域穿戴的手套：电工焊接作业时，可能出现电伤的危险，所以应穿戴防护手套；穿戴防护手套时，应检查皮革或帆布表面有无僵硬、薄档、洞眼等残缺现象；若存在缺陷，则不允许使用。另外，穿戴手套应有足够的长度，手腕部位不应裸露

外部。

　　除以上几种防护用品外，还有种类繁多的防护品，在实际作业区，应合理选择使用。如：防化学药品防护手套、空气呼吸器、氧气呼吸器、简易防尘口罩等防护用品。

1.3　防护用具检验

　　常用的安全防护用具在使用前，必须认真检查。

　　防护用具检查的基本内容包括：①产品是否具备《生产许可证》；②产品是否提供《产品合格证书》；③产品是否满足相关质量要求；④产品的规格及技术性能是否与作业区的防护要求相吻合。

　　在特殊情况下，有必要对防护用具进行现场安全试验。

　　（1）安全帽：试验时用 3kg 重的钢球从 5m 高处自由坠落冲击，安全帽不被破坏；采用木头做一只半圆人头模型，将试验的安全帽缓冲弹性带系好，安装在固定模型内，进行安全试验；不同材料制作的安全帽，进行安全试验时，可参考此类方法进行。安全帽检验周期为每年 1 次。

　　（2）安全带：国家规定，安全带试验时采用载荷 120kg 的物体，从 2~2.8m 高架上冲击安全带，各部件无损伤即为合格。

　　现场施工可根据实际情况，在满足试验载荷的情况下，因地制宜采取一些切实可行的办法。在不同作业现场，可采用替代办法实施，如：用麻袋装木屑刨花等作填充物，添加铁块以满足试验载荷的标准要求，进行载荷试验；另外，还可采用专门用于试验的架子，进行动、静载荷试验。

　　安全带的检验周期为：每次使用安全带之前，须进行认真的检查。对新购置的安全带，在使用两年后进行抽查试验；已使用的安全带，间隔 6 个月抽检 1 次。

　　需要注意的是：凡是做过试验的安全防护工具，不允许继续使用。

第2章

施工机械、设备使用安全

2.1 升降机和起重机的使用

2.1.1 升降机

升降机的主要构件或起升构件是卷扬机（见图 2.1）。升降机使用应满足以下要求：

图 2.1 升降机

（1）依据相关规定正确使用升降卷扬机。

（2）升降机司机应经专门的培训，考试合格取得认可的证件后方可上岗。开机前，应对升降机的各部分进行严格检查，并进行空载运行，确认无误后方可使用；升降机严禁超载运行。

（3）升降机支架基础平整坚实，升降机支架牢固稳定。

（4）铺设的轨道应平行、稳定、牢固，两条轨道高低一致。

（5）作业前，应检查离合器、制动器、钢丝绳的情况是否正常，卷筒的旋转方向是否与操纵开关上所指示的方向一致。

（6）在物料升降机上下作业时，严禁施工人员及管理人员乘坐；特别注意，升降机只能载物，不许载人。

（7）升降机吊篮严禁乘载人员；在防止下滑安全装置正常工作的前提下，装卸人员允许进入吊篮内工作。严禁任何人员攀登架体或在架体下面逗留、穿越。

（8）升降机操作室应为标准卷扬机棚。升降机司机的通视条件良好，并配置可靠的信号装置，确保施工区与升降机司机之间联系畅通。

（9）升降机工作完成后，应将吊篮降到底层，切断电源后，司机方可离开。

2.1.2　起重机

2.1.2.1　人员要求

（1）操作员资格要求。

1）经考试合格，并取得相关部门颁发的操作证件的人员才能成为操作司机，开展相应的工作。

2）取得操作证件的相关人员，经过半年实习学习，在有经验的操作工监督下，可开展操作工作。

3）为完成任务，需要进入操作区域进行检修、检测的人员，应取得相应证件。

4）除正常技术技能条件外，还应参加相关部门的安全考核，且必须考试合格。

（2）起重机司机应具备的条件。

1）年满 18 周岁，身体健康。

2）视力（包括矫正视力）在 0.8 以上，无色盲症。

3）听力应满足具体工作条件要求。

（3）起重机司机应掌握的基本知识。

1）熟悉起重机各构件的构造和技术性能。

2）通晓《起重机械安全规程》（GB 6067—1985）以及其他有关规定。

3）熟悉安全运行要求。

4）了解安全防护装置的性能。

5）熟悉电动机和电气方面的基本知识。

6）了解指挥信号规定及要求。

7）熟悉保养和维修的基本知识。

（4）起重机的指挥人员通常由经培训考试合格的起重工担任。起重工在指挥起重机时，应满足以下安全要求：

1）指挥信号应清晰、准确，并符合《起重机　手势信号》（GB/T 5082—2019）的规定。

2）吊挂时，吊挂绳之间的夹角宜小于 90°，最大不得超过 120°，避免吊挂绳受力过大而损坏。

3）钢丝绳、链条经过的棱角处，应铺设衬垫。

4）指挥物体翻转时，应使其重心平稳变化，不允许出现指挥意图以外的动作。

5）进入悬吊重物下方时，应先与司机联系并设置支承装置。

6）多人绑挂时，应由一人负责指挥。

7）指挥人员应站立在安全位置，使操作人员能清楚看到指挥信号；当跟随载荷运动指挥时，荷载应避开人或障碍物。

8）指挥人员不能同时看清操作人员和载荷时，须安排中间指挥人员逐级传递指挥信号；当发现指挥信号出现错误时，应立即发出停止操作信号。

9）使用两台起重机吊运同一载荷时，应由一人统一指挥，以确保同步运行。

10）载荷降落时，指挥人员必须在确认降落区域安全后，方可发出降落信号。

11）在开始起吊载荷时，应先用"微动"信号，待载荷离开地面 100～200mm 后，再使用正常速度。

（5）起重机司机安全操作的基本要求。

1）司机接班时，应对制动器、吊钩、钢丝绳和安全装置进行全面检查；发现异常时，应在操作前排除。

2）开车前，必须鸣铃或报警。操作中靠近作业人员时，应使用断续铃声或报警。

3）操作司机应按指挥信号进行操作；对紧急停车信号，不论何人发出，均应立即执行。

4）当起重机或周围确认无作业人员时，才允许闭合主电源；为确保安全，主电源断路装置加锁或设置标志牌。

5）闭合主电源前，应使所有的控制器手柄置于零位。

6）工作中突然断电时，应将所有的控制器手柄扳回零位；在重新工作前，应检查起重机动作是否正常。

7）在轨道上露天作业的起重机，当工作结束时，应将起重机锚定。

8）操作司机进行维护保养时，应切断主电源并悬挂标志牌或加锁；若发生故障未消除时，应通知接班司机，消除故障。

9）起重机工作中速度应均匀平衡，不得突然制动或在没有停稳时，进行反方向行走或回转。

10）起重机严禁同时操作三个动作；在接近满负荷时，不得同时操作两个动作；悬臂式起重机在接近满负荷时，严禁降低起重臂。

11）起重机应在各限制器限制的范围内工作，不得利用限制器的动作，代替正规操作。

（6）起重机和起重工均应严格遵守"十不吊"规定，具体如下：

1）重量不清不吊。

2）吊车有病不吊。

3）捆绑不牢不吊。

4）吊物有人不吊。

5）信号不清不吊。

6）歪拉斜挂不吊。

7）危险物品不吊。

8）气候不好不吊。

9）电线旁边不吊。

10）措施不全不吊。

2.1.2.2 安全防护装置

常用的起重机有桥式起重机、门式起重机、汽车式起重机、轮胎起重机、履带起重机、铁路起重机、塔式起重机、门座式起重机等。为保证各种起重机均能安全、可靠、有效地工作，起重机应装备各种安全防护装置。安全防护装置共 25 种，分述如下。

1．超载限制器（见图 2.2）

（1）作用：当载荷达到额定载荷的 90% 时，应能发出报警信号。起重量超过额定限重时，能自动切断升上动力源，并发出禁止性报警信号。超载限制器的综合误差，不应大于 8%。

（2）必须安装超载限制器的有：额定起重量大于 20t 的桥式起重机、额定起重量大于 10t 的门式起重机、铁路起重机、门座起重机等。

图 2.2 超载限制器

（3）适宜安装超载限制器的有：额定起重量 3～20t 的桥式起重机、额定起重量 5～10t 的门式起重机、起重力矩小于 25t.m 的塔式起重机。

（4）经常性检查：第一次使用前检验、每年进行一次检查；由设备物资部门组织检查，进行静载试验。

2．力矩限制器（见图 2.3 和图 2.4）

（1）作用：当载荷力矩达到额定起重力矩时，能自动切断起升或变幅的动力源，并发出禁止性报警信号。力矩限制器的综合误差不应大于 10%。

（2）必须安装力矩限制器的有：起重量不小于 16t 的汽车起重机、轮胎起重机和履带起重机、起重能力不小于 25t·m 的塔式起重机。

（3）适宜安装力矩限制器的有：起重量小于 16t 的汽车起重机、轮胎起重机和铁路起重机。

（4）经常性检查：第一次使用前检验、每年检查 1 次，由设备物资部门组织检查。采用动载进行试验。

图 2.3　力矩限制器

图 2.4　力矩限制器
显示面板

3. 上升极限位置限制器（见图 2.5）

（1）作用：能够保证当吊具起升到极限位置时，自动切断起升动力源。

图 2.5　上升极限位置限制器

（2）必须安装上升极限位置限制器的有：所有类型起重机。

（3）经常性检查：每年进行 1 次动载试验检查，由设备物资部门组织检查。

4. 下降极限位置限制器（见图 2.6）

（1）在吊具可能低于下限位置的工作条件下，保证吊具下降到极限位置时，能自动切断下降的动力源，以保证钢丝绳在卷筒上的缠绕不少于设计所规定的圈数。

（2）必须安装下降极限位制器的有：桥式起重机、塔式起重机，门座式起重机根据需要安装。

（3）经常性检查：每年进行 1 次动载试验检查，由设备物资部门组织检查。

图 2.6　下降极限位置限制器

5. 运行极限位置限制器

（1）保证构件在其运动到极限位置时，能够自动切断前进的动力源并停止运动。

（2）必须安装运行极限位置限制器的有：桥式起重机和门式起重机的大车和小车、门座式起重机的吊臂在运行的极限位置。

（3）经常性检查：每年进行 1 次动载试验检查，由设备物资部门组织检查。

6. 偏斜调整和显示装置（见图 2.7）

（1）作用：当两端支脚因前进速度不同而发生偏斜时，能将偏斜情况及时显示、标志，使偏斜得到调整。

（2）适宜安装偏斜调整和显示装置的有：跨度不小于 40m 的门式起重机。

（3）经常性检查：每年检查 1 次，由设备物资部门组织有关人员检查。

7. 幅度指示器（见图 2.8）

（1）作用：保证具有变幅构件的起重机，能够正确标志吊具所

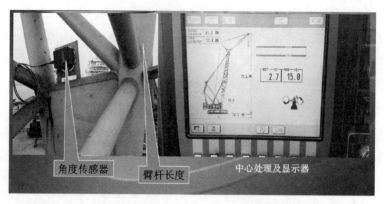

角度传感器　　臂杆长度　　　中心处理及显示器

图 2.7　偏斜调整和显示装置

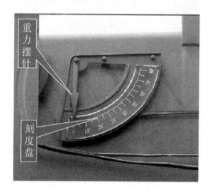

重力摆针

刻度盘

图 2.8　幅度指示器

在的幅度。

（2）必须安装幅度指示器的有：汽车起重机、轮胎起重机、履带起重机、铁路起重机、塔式起重机、门座起重机等。

（3）经常性检查：每半年检查 1 次，由设备物资部门组织电气人员检查。

8. 联锁保护装置

（1）作用：在动臂的支持停止器与动臂变幅构件之间，使停止器在撤去支承作用前，变幅构件不能移动。

（2）必须安装联锁保护装置的有：塔式起重机。

（3）经常性检查：每年检查 1 次，由设备物资部门组织检查。

9. 行程限制装置（见图 2.9）

（1）作用：进入桥式起重机和门式起重机的门、由司机室登上桥架的舱口门，当门打开时，起重机的运行构件不能正常工作。司机室在运动状态时、进入司机室的通道口打开时，运行构件不能正常工作。

（2）必须安装行程限制装置的有：桥式起重机。

（3）经常性检查：每年检查 1 次，由设备物资部门组织检查。

10. 水平仪（见图 2.10）

（1）作用：检查支腿起重机倾斜度。

（2）必须安装水平仪的有：起重量不小于 16t 的汽车起重机和轮胎起重机。

（3）经常性检查：使用前检查，由操作人员检查其水平仪是否完好灵敏。

图 2.9　行程限制装置　　　　图 2.10　水平仪

11. 防止吊臂后倾装置（见图 2.11）

（1）作用：保证当变幅构件的行程开关失灵时，能阻止吊臂后倾。

（2）必须安装防止吊臂后倾装置的有：汽车起重机、轮胎起重机、履带起重机、铁路起重机、动力臂变幅的塔式起重机等。

（3）经常性检查：每年检查 1 次，由设备物资部门组织检查。

12. 极限力矩限制装置

（1）作用：当旋转阻力矩大于设计规定的力矩时，能产生滑动而起保护作用。

（2）必须安装极限力矩限制装置的有：塔式起重机和门座起重机在旋转构件有可能自锁时安装。

（3）经常性检查：每年进行 1 次动载试验检查，由设备物资部门组织检查。

13. 缓冲器（见图 2.12）

（1）作用：吸收运动机构的能量并减少冲击。

图 2.11　防止吊臂后倾装置

图 2.12　缓冲器

（2）必须安装缓冲器的有：在桥式起重机和门式起重机大车、小车运行构件或轨道端部以及门座起重机的变幅机构中安装。

（3）经常性检查：每年进行 1 次动载试验，由设备物资部门组织。

14. 夹轨钳、锚定装置、铁鞋（见图 2.13～图 2.15）

（1）作用：对于在轨道上露天工作的起重机，其夹轨钳及锚定装置或铁鞋，均应能够各自独立承受非工作状态下的最大风力，而

图 2.13　夹轨钳

图 2.14　锚定装置

阻止被吹动。

（2）必须安装夹轨钳、锚定装置、铁鞋的有：门式起重机、塔式起重机、门座起重机等。

（3）适宜安装夹轨钳、锚定装置、铁鞋的有：露天作业的桥式起重机。

（4）经常性检查：使用前检查其稳定性能，由操作人员现场检查。

15. 风速风级报警器（见图 2.16）

（1）作用：露天作业的起重机，当风力大于 6 级时能发出报警信号，并设置瞬时风速风级的显示标志。

（2）适宜安装风速风级报警器的有：露天作业的桥式起重机。

（3）经常性检查：每年进行给定风力检查 1 次，由设备物资部门组织实施。

图 2.15　铁鞋　　　　　图 2.16　风速风级报警器

16. 支腿回缩锁定装置（见图 2.17）

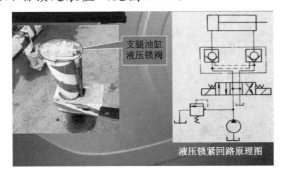

图 2.17　支腿回缩锁定装置

（1）作用：在移动式起重机工作支腿时，以及工作完成支腿回缩后，能够牢固锁定。

（2）必须安装支腿回缩锁定装置的有：汽车起重机、轮胎起重机、铁路起重机等。

（3）经常性检查：由操作人员在使用前进行操作性检验。

17. 回转定位装置（见图 2.18）

（1）作用：在移动式起重机整机行驶时，确保整机保持在固定位置。

（2）必须安装回旋定位装置的有：汽车起重机、轮胎起重机、铁路起重机等。

（3）经常性检查：操作人员使用前进行操作性检验。

18. 登机信号按钮（见图 2.19）

（1）作用：装于起重机易于触及的安全位置，使司机能够确认有人登机。

（2）适宜安装登机信号按钮的有：设置司机室的桥式起重机、司机室在上部且设置运动部分的塔式起重机、司机室设于运动部位的门座式起重机等。

（3）经常性检查：经常性检查登机信号是否灵敏有效，由设备物资部门组织检查测试。

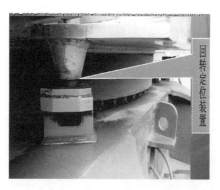

图 2.18　回转定位装置

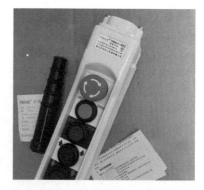

图 2.19　登机信号按钮

19. 防倾翻安全钩

（1）作用：当小车检修时，阻止倾翻。

（2）必须安装防倾翻安全钩的有：单主梁并在主梁一侧落钩的桥式起重机，以及当门式起重机安装在小车架上时。

（3）经常性检查：每年检查1次，由设备物资部门组织测试。

20.扫轨板和支撑架

（1）作用：防止异物进入大车轮下而造成起重机出轨，防止轮轴折断时车轮滚出伤人；扫轨板距轨面应不大于10mm，支承架距轨面应不大于20mm，两者合为一体时距轨面应不大于10mm。

（2）必须安装扫轨板和支撑架的有：桥式起重机和门式起重机的大车运行机构、塔式起重机、门座式起重机等。

（3）经常性检查：每次操作前检查，每次行走试运行前进行检查；由设备物资部门组织，操作人员检测。

21.轨道端部止挡

（1）作用：防止起重机脱轨。

（2）必须安装轨道端部止挡的有：桥式起重机、门式起重机、塔式起重机、门座式起重机等。

（3）经常性检查：由操作人员操作前，进行检查。

22.导电滑线防护板

（1）作用：防止触电。

（2）必须安装导电滑线防护板的有：桥式起重机司机室位于大车滑线端时，通向起重机的梯子和走台与滑线间应设防护板；桥式起重机大车滑线端的端梁下，应设置防护板，防止吊具或钢丝绳与滑线的意外接触；桥式起重机多层布置作业时，下层起重机的滑线应沿全长设置防护板；其他使用滑线的起重机，对易发生触电的部位应设置防护装置。

（3）经常性检查：由电工组织，逐月检查或不定期检查。

23.倒退报警装置

（1）作用：移动式起重机向倒退方向运行时，应发出清晰报警音响信号和明灭相间的灯光信号。

（2）必须安装倒退报警装置的有：汽车起重机、轮胎起重机、履带式起重机等。

（3）经常性检查：操作员倒退时，每次检查。

24.裸露活动零部件的防护罩

（1）作用：对起重机外露的、有可能伤人的活动零部件，如开式齿轮、联轴器传动轴、链轮、链条、传动带、皮带轮等，起到防护作用。

（2）应安装裸露活动零部件的防护罩的有：按上述要求，各种类型起重机均应安装防护罩。

（3）适宜安装裸露活动零部件的防护罩的有：桥式起重机、门式起重机主梁上不允许作业人员之外的其他人员攀登的运行机构。

（4）经常性检查：操作人员每次使用前，检查防护罩是否完好稳定，机械性能是否正常。

25.电气设备的防雨罩

（1）所有露天工作的起重机的电气设备，均应安装防雨罩。在设计制造起重机时应配备防雨罩；起重机使用时，防雨罩应始终处于良好、有效的状态。

（2）检查：操作人员每次使用前均应进行检查，检查防护罩是否完好、稳定。

2.1.2.3　安全使用

起重机的安全使用，除了起重机司机和起重工各自遵守相关规定、坚持"十不吊"以外，还应遵守下述要求。

（1）应建立下列规章制度：交接班制度，安全技术要求细则，操作规程细则，绑挂指挥规程，检修制度，培训制度，设备档案制度。

（2）自制或改造起重机械，应先提出设计方案、图纸、计算书和所依据的标准、质量保证措施，报具有相关职能的主管部门审批后，方可投入制造或改造；制造或改造后，应按有关标准试验检验。

（3）起重机无论在停止状态或运行状态，均应与周围建筑物及设备保持一定的间隙；间隙不得小于 40mm。

（4）主要受力构件发生腐蚀时，应进行检查和测量。当承载能力降低至原设计承载能力的 87% 时，在修复困难的情况下，应予以报废。当主要受力构件断面腐蚀达原厚度的 10% 时，在不便于修复的条件下，应予以报废。

（5）臂架铰点距地面高度大于 50m 的塔式起重机、门座起重机等高架起重机，应设置可靠的避雷装置。

（6）起重机的金属结构及所有电气设备的金属外壳、管槽、电缆金属外皮和变压器低压侧，均应有可靠的接地；轨道式起重机的轨道应可靠接地。

（7）起重机上应配备灭火装置。操作室内应铺设绝缘胶垫，不得存放易燃物。

（8）悬臂式起重机在工作时，吊臂的最大仰角不得超过制造厂的使用规定。制造厂无明确规定时，最大仰角一般不得超过 78°。

（9）起重机械不得超载荷起吊。如必须超载荷时，应进行计算验证，采取有效安全措施，并经项目部技术负责人批准后方可实施。

（10）起吊大件或不规则组件时，应在吊件上拴以牢固的溜绳。

（11）起重机工作区域内无关人员不得停留或通过，在伸臂及吊物下方严禁任何人员通过或逗留。

（12）吊起的重物不得在空中长时间停留；在空中短时间停留时，操作人员和指挥人员均不得离开工作岗位。

（13）两台及两台以上起重机抬吊同一重物时，应遵守下列规定：

1）绑扎时应根据各台起重机的允许起吊重量按比例分配载荷。

2）在抬吊过程中，各台起重机的吊钩钢丝绳应保持垂直；升降、行走应保持同步，各台起重机所受的载荷不得超过各自的允许起重量。

如不能满足上述要求时，应降低额定起重力至 80%，也可由技术负责人根据实际情况，降低额定起重能力；但在整个吊运过程中，技术负责人应在场统一指挥。

（14）有主、副两套起升机构的起重机，主、副钩不应同时启动。对于设计允许同时使用的专用起重机，用主、副钩抬吊同一重物时，其总载荷不得超过当时主钩的允许载荷，并遵守两台吊车抬吊同一重物的规定。

2.1.2.4　风载荷

《起重机械安全规程》（GB 6067—1985）规定，当风力大于 6 级时，一般应停止现场作业，并将起重机械锚定。

该规定主要包括两个方面的原因：①风力越大，起重作业越困难，越容易发生事故；②起重机的设计和制造对风载荷的大小有一定的限制。

风力太大时，起重机自身的安全不能保证。不同风级的特征值见表 2.1。

表 2.1　　　　　　　　　　　　风 力 等 级 表

风级	名称	地　面　特　征	风速/(m/s)	风压/(N/m²)
0	无风	静，烟直上	0～0.2	0～0.024
1	软风	冒烟显示方向，风向标不能转动	0.3～1.5	0.025～1.38
2	轻风	感觉有风，树叶微动，风向标转动	1.6～3.3	1.39～6.68
3	微风	树叶及微枝摇动，旌旗展开	3.4～5.4	6.69～17.9
4	和风	能吹起地面灰尘和纸张，小树枝摇动	5.5～7.9	18.0～38.2
5	清风	小树摇摆	8.0～10.7	38.3～70.2
6	强风	大树枝摇动，电线呼呼有声，举伞困难	10.8～13.8	70.3～116.7
7	疾风	大树摇动，迎风步行感觉不便	13.9～17.1	116.8～179.2
8	大风	树枝折断，迎风步行感觉阻力很大	17.2～20.7	179.3～262.7
9	烈风	烟囱及平房屋顶受到损坏，烟囱顶部及平房屋顶摇动	20.8～24.4	262.8～365.0
10	狂风	陆地上少见，可拔树毁屋	24.5～28.4	365.1～494.4
11	暴风	陆地上很少见，有则必受重大损毁	28.5～32.6	494.5～651.5
12	飓风	陆地上绝对少有，其摧毁力极大	32.6 以上	大于 652

起重机工作状态的允许风压，一般按 $150\sim250\text{N/m}^2$ 设计，非工作状态的允许风压，一般按 600N/m^2 设计。所以，风力达到 7 级时安全规程要求停止起重作业。

2.1.2.5 起重机的检验

1. 检验内容

起重机的检验，包括起重性能合格性试验、经常性检查和定期检查。

（1）正常工作的起重机，每两年检验1次，由设备物资部门组织、质量安全部门配合，完成试验检验工作。

（2）经过大修、新安装及改造过的起重机，在交付使用前，进行试验检验。

（3）闲置时间超过1年的起重机，在重新使用前，进行试验检验。

（4）经过暴风、大地震、重大事故后，可能使强度、刚件和构件的稳定性、机构的重要性能等受到损害的起重机，应进行试验检验。

合格试验检验的标准为，验证起重机的各项技术性能指标；合格试验检验通常在起重机制造厂内进行，有时也可以在施工现场进行。

经常性试验检验，应根据工作繁重、环境恶劣的程度，确定试验检验的周期。通常的试验检验不得少于每月1次。经常性试验检验的内容一般应包括：①起重机正常工作的技术性能；②所有的安全防护装置；③线路、罐、容器阀、泵、液压或气动的其他部件的泄漏情况及工作性能；④制动器性能及零件的磨损情况；⑤钢丝绳磨损和尾端的固定情况；⑥链条的磨损、变形、伸长情况；⑦捆绑、吊挂链和钢丝绳及辅具运行情况。

定期试验检验应根据工作繁重、环境恶劣的程度确定周期，但不得少于每年1次。定期试验检验的内容一般应包括：①经常性检查中的内容；②金属结构的变形、裂纹、腐蚀及焊缝、铆钉、螺栓等连接情况；③主要零部件的磨损、裂纹、变形等情况；④指示装置的可靠性和精度；⑤动力系统和控制器等运行情况。每次定期试验检验的结果均应如实做好记录，存入起重机的档案。

2. 载荷试验

对新装、拆迁、大修或改变重要技术性能的起重机械，在交付使用前，均应按出厂说明书进行静载荷及动载荷试验；制造厂无明确规定时，应按下列规定进行试验：

（1）静载试验：将试验的重物吊离地面 10cm，悬空 10min，以检验起重机构架的强度和刚度。静载试验的重量，对于新安装的、经过大修的或改变重要性能的起重机，应为额定起重量的 125%；对于定期进行技术检验的起重机，应为额定起重重量的 110%。采用上述试验时，起重机未发生裂纹、永久变形、油漆剥落或对起重机的性能与安全有影响的损坏，连接处未出现松动或损坏，即可确认试验结果良好。

（2）动载试验：应在静载试验合格后进行。试验时应吊着试验重物反复地卷扬、移动、旋转或变幅。各机构的动载试验应分别进行；如果起重机规范中有规定时，应做联合动作试验。动载试验的重量，应为额定起重量的 110%。在动载试验中，对每种动作应在其整个运动范围内做反复启动和制动，并按其工作循环试验至少延续 1h；如果各部件能完成其功能试验，并在其后的检查中未发现机构或结构的构件出现损坏，连续处也没有出现松动或损坏，即可确认试验结果良好。

起重机的载荷试验，风速应不大于 8.3m/s（4～5 级风）。汽车起重机、轮胎起重机、履带起重机等，应在坚实的水平地面（误差应不超过 0.5%）上进行；轨道上运行的起重机，应在符合规定要求的轨道上进行；支承在充气轮胎上进行试验的起重机，轮胎的工作压力应符合制造厂的规定，误差应不超过 3%。

国家标准规定，在起重机载荷试验中提到的额定起重量为起重机允许吊起的重物或物件，连同可分吊具（或附属具）重量的总和（对于流动式起重机，包括固定在起重机上的吊具）。例如，对于桥式起重机、门式起重机、塔式起重机、门座起重机，若标定起重机额定起重量为 50t，则该起重机实际可吊起 50t 重量的重物，而不管起重机的吊钩重量是多大。对于汽车起重机、轮胎起重机、履带起重机、铁路起重机，若吊钩重量是 2.5t，标定起重机额定起重量仍是 50t，则该起重机实际可吊起 47.5t 重量的重物。有的起重机在设计制造时，吊钩重量是否计算在额定起重量之内并未遵守上述规定，使用时需引起注意。在额定起吊重量时，桥式起重机主梁挠度应不大于 1/800 的跨度，悬臂端挠度应不大于 1/350 悬臂长度。

桥式起重机在试验中如发现桥架刚度不足，小车处于跨中，并在额定载荷下，主梁跨中的下挠值在水平线以下达到跨度的 1/700 且不能立即修复时，则予以报废。

塔式起重机在额定载荷作用下，塔身与臂架连接处（或臂架与转柱连接处）的水平位移应不大于 1/100 高度（自行式塔式起重机为臂架销轴至轨面的垂直距离，附着式起重机为臂架销轴至最高一个附着点的垂直距离）。

根据需要，在起重机载荷试验时，还需要进行结构的应力测试，以及电动机的电压、电流的测量。

起重机的载荷试验，应使起重机处于最不利的状态进行；主要部件承受最大钢丝绳载荷、最大弯矩和（或）最大轴向力位置和状态时，进行荷载试验。

按规定进行试验后，应编写试验报告，将试验结论和检查结果列成表格；该报告要标明所试验的起重机，同时记载试验日期、地点及监督人的姓名；在试验报告中，还应详细记载每种情况下的载荷、位置、状态、程序和结论，试验报告应及时归档。

除规定需要进行试验外，起重机的载荷试验尤其是超载试验，不宜多次进行；多次进行起重机超载试验会对起重机产生伤害。

2.2 施工机械及手工具的使用

2.2.1 施工机械

施工机械使用的基本规定如下：

（1）机械应按其技术性能的要求正确使用，缺少安全装置或安全装置已失效的机械设备不得使用。

（2）严禁拆除机械设备上的自动控制机构、力矩限位器等安全

装置；严禁私自改装监测、指示、仪表、警报器等自动报警或信号
装置；机械设备的调试和故障排除由技术专业人员具体操作。

（3）严禁对运行和运转中的机械进行维修、保养或调整。

（4）机械设备应按时保养，当发现有漏保、失修或超载带病运
转等情况时，有关技术安全部门应责令立即停止使用。

（5）机械设备的操作人员必须身体健康，并经过专业培训考试
合格，在取得有关部门颁发的操作证、特殊工种操作证后，方可独
立操作；初级学员，按规定取得相关证件后，还应在熟练工的指导
下，进行操作。

（6）操作人员有权拒绝执行违反安全操作规程的指令；由于发
令人强制违章作业造成事故者，应追究发令人的责任，情节严重
的，直至追究其刑事责任。

（7）机械作业时，操作人员不得擅自离开工作岗位或将机械交
给非本机操作人员操作；严禁无关人员进入作业区和操作室；工作
时，思想应集中，严禁酒后操作。

（8）机械操作人员和配合作业人员，均须按规定穿戴劳动保护
用品，长发不得外露；高处作业必须系安全带，不得穿硬底鞋和拖
鞋；严禁从高处往下投掷物件。

（9）进行日间作业两班及以上的机械设备，均须实行交班制；
操作人员应认真填写交接班记录。

（10）机械进入作业地点后，施工技术人员应向机械操作人员
进行施工任务及安全技术措施交底；操作人员应熟悉作业环境和施
工条件，听从指挥，遵守现场安全规则。

（11）现场施工负责人应为机械作业提供道路、水电、临时机
棚或停机场地等必需的条件，并消除影响机械作业存在妨碍或不安
全的因素；夜间作业必须设置有充足的照明。

（12）在妨碍机械安全和人身健康场所作业时，机械设备应采
取相应的安全措施；操作人员应配备适用的安全防护用品。

（13）当使用机械设备与安全发生矛盾时，必须服从安全的
要求。

（14）当机械设备发生事故或未遂恶性事故时，必须及时抢救，保护现场，并立即报告安全负责人和有关部门听候处理；施工现场项目部负责人对事故应按"四不放过"的原则进行处理。

（15）现场专业人员，应制定各种机械作业安全规定，并定期或不定期地进行检查和维护。

2.2.1.1 搅拌机的安全使用

（1）作业场所应有良好的排水条件，机械近旁应有水源，机棚内应有良好的通风、采光及防雨、防冻条件，并不得积水。

（2）固定式机械应设置牢固的基础，移动式机械应在平坦坚硬的地坪上用方木或撑架架牢，并保持水平。

（3）气温降到 5℃ 以下时，管道、泵、机均应采取防冻保温措施。

（4）作业后，应及时将机内、水箱内、管道内的存料、积水放尽，并清洁保养机械，清理作业场地，切断电源，紧锁电闸箱。

（5）装有轮胎的机械，转移时拖行速度不得超过 15km/h。

（6）固定式搅拌机的操纵台，保证操作人员能够看到各区工作情况，仪表、指示信号准确可靠；电动搅拌机的操纵台，应垫上橡胶板或干燥木板，确保绝缘。

（7）移动式搅拌机长期停放或使用时间超过 3 个月以上时，应将轮胎卸下妥善保管，轮轴端部位应做好清洁和防锈工作。

（8）传动机构、工作装置、制动器等均应紧固可靠，保证正常工作。

（9）骨料规格应与搅拌机的性能相符，超出许可范围的不得使用。

（10）空车运转检查搅拌筒或搅拌叶的转动方向以及各工作装置的操作、制动，确认正常后，方可作业。

（11）进料时，严禁将头或将手伸入料斗与机架之间察看或探摸进料情况，运转中不得用手或工具等物件伸入搅拌筒内扒料、检修。

（12）料斗升起时，严禁在其下方工作或穿行；料坑底部应设置料斗的枕垫；清理料坑时，使用链条扣牢料斗。

（13）向搅拌筒内加料应在运转中进行；添加新料，必须先将搅拌机内原有的混凝土全部卸出后才允许进行。

（14）作业中，如发生故障不能继续运转时，应立即切断电源，将搅拌筒内的混凝土清除干净，然后进行检修。

（15）作业后，应对搅拌机进行全面清洗，操作人员如需要进入筒内清洗时，必须切断电源，设专人在外监护，或卸下熔断器并锁好电闸箱，然后方可进入。

（16）作业后，应将料斗降落到料斗坑，如需升起则应用链条扣牢。

2.2.1.2　卷扬机的安全使用

卷扬机，又称绞车，是由动力驱动的卷筒通过挠性件（钢丝绳、链条）起升重物的起重装置；各种升降机的起升机构，实际上都是卷扬机。

按动力装置形式的不同，卷扬机分为手动卷扬机、电动卷扬机、内燃式卷扬机、液压式卷扬机、蒸汽式卷扬机。

按钢丝绳运动速度通常分为快速卷扬机（钢丝绳额定出绳速度为 30m/min 以上）、慢速卷扬机（钢丝绳额定出绳速度为 7~21m/min）、调速卷扬机（动力装置或传动系统具有变速调速性能，使卷筒上的钢丝绳速度能够按照作业的要求进行改变）。

按卷筒的种类通常划分为单卷筒卷扬机、双卷筒卷扬机和多卷筒卷扬机。

利用人力驱动的卷扬机称为手动卷扬机，绞磨是手动卷扬机的一种；绞磨在工作时需要较多的人力，劳动强度大，起重量小，效率低，目前已较少使用；但由于绞磨构造简单、便于在施工现场自行制作和搬运、工作时平稳，在缺乏电源的场所仍有使用空间。

绞磨使用时要注意：①应选择较平整并能供推杆回转的地方进行固定，绞磨的出绳应与鼓轮中心保持在同一水平线上；②钢丝绳在鼓轮上的圈数一般为 4~6 圈，工作时应将后部钢丝绳头用力拉紧；具体操作为边牵引、边拉紧；③工作停止时，应将后边绳头固定牢固；④绞磨应使用牢固的地锚固定，不允许绞磨工作时支架倾斜或悬空。

卷扬机的使用应遵循下列规定：

（1）卷扬机使用钢丝绳安全系数应不小于5。

（2）钢丝绳在卷筒上，应按卷扬机的规定缠绕和固定；当未设置明确规定时，钢丝绳应从下方绕入；卷筒上的钢丝绳应排列整齐，工作时最少应保留5卷；最外层钢丝绳，应低于卷筒突缘一根钢丝绳的直径。

（3）卷筒正前方应设置导向滑车；导向滑车距卷筒中心线的距离：单层设置槽卷筒不应小于卷筒长度的15倍，光面卷筒或虽有槽但多层卷绳时应不小于卷筒长度的20倍。

（4）钢丝绳在卷筒上应排列整齐。

（5）卷扬机基座应平稳牢固；交换机搭设防护工作棚，其操作位置应有良好的视野。

（6）卷扬机的旋转方向，应与控制器上标明的方向一致。

（7）卷扬机制动操作杆在最大操纵范围内，不得触及地面或其他障碍物。

（8）卷扬机在工作前，应先进行试车，检查其是否固定牢固；防护设施、电气绝缘、离合器、制动装置、保险齿轮、导向滑轮、索具等完全合格后，方可使用。

（9）卷扬机在工作时，严禁向滑轮上套钢丝绳；严禁在滑轮或卷筒附近使用手扶行走的钢丝绳；任何人不得跨越正在行走的钢丝绳，不得在导向滑车的内侧逗留或通过。

（10）重物被长时间悬吊时，卷扬机应可靠制动，必要时采用绳夹将钢丝绳夹紧固定。

2.2.1.3 钢筋加工机械的安全使用

基本规定：①钢筋加工机械以电动机、液压为动力，以卷扬机为辅助机械时，应按有关规定执行。②机械的安装必须坚实稳固，整体保持水平；固定式机械应有可靠的基础；移动式机械作业时，应楔紧轮轴。③室外作业时应设置机棚，机械旁边应有堆放原料、半成品的场地。④加工较长的钢筋时，应安排专人帮扶，并听从操作人员统一指挥，不得任意推拉。⑤作业后，成品堆放整齐；同时，清理场地，切断电源，锁好电闸箱。

1. 钢筋调直切割机（见图 2.20）

（1）料架、料槽应安装平直，对准导向筒、调直筒和下切刀孔的中心线。

（2）使用手转动飞轮，检查传动机构和工作装置，调整间隙，坚固螺栓，确认正常后，启动空运转，检查轴承应无异响，齿轮啮合良好，待运转正常后，方可作业。

（3）依据调直钢筋的直径，选用适当的调直距离及传动速度；经调试合格，方可送料。

（4）在调直平台未固定、防护罩未盖好时，不得送料；作业中严禁打开防护罩或调整间隙。

图 2.20　钢筋调直切割机

（5）当钢筋送入后，手与转轮之间，必须保持一定距离，不得接触。

（6）送料前，应将带弯钩的钢筋料头切去，导向筒前应装一根 1m 长的钢管；需要调直的钢筋，必须首先穿过钢管再送入调直前端的导孔内。

（7）作业后，应松开调直筒的调直平台并恢复原来位置，同时预压弹簧必须回位。

2. 钢筋切断机

（1）接送料工作台面应和切刀保持水平，工作台的长度应根据加工材料长度决定。

（2）启动前，必须检查切刀有无裂纹，刀架螺栓是否紧固，防护罩是否牢靠；之后采用手转动皮带轮，检查齿轮啮合间隙，调整切刀间隙。

（3）启动后，首先空运转，检查确认各传动部件及轴承运转正常后，方可作业。

（4）机械未达到正常转速时，不得切料；切料时，必须使用切刀的中下部位，紧握钢筋对准刃口迅速送入。

（5）不得剪切直径及强度超过机械铭牌规定的钢筋，以及烧红的钢筋；一次切断多根钢筋时，总截面积应处于规定范围之内。

（6）剪切低合金钢时，应更换高硬度切刀，直径应符合铭牌规定。

（7）切断短料时，扶手和切刀之间的距离应保持 150mm 以内；如手握端小于 400mm 时，应使用套管或夹具将钢筋短头压住或夹牢。

（8）运转中，严禁使用扶手直接参与清除切刀附近的断头和杂物。钢筋摆动时周围和切刀附近非操作人员不得停留。

（9）发现机械运转不正常有异响或切刀歪斜等状况时，应立即停机检修。

（10）作业后，使用钢刷清除切刀间的杂物，确保整机清洁，及时加强保养。

3. 钢筋弯曲机（见图 2.21）

（1）工作台和弯曲机台面应保持水平，调试并做好各种芯轴及工具的准备工作。

（2）依据加工钢筋的直径和弯曲半径的要求，安装芯轴、成型轴、挡铁轴或可变挡

图 2.21 钢筋弯曲机

架；芯轴直径应为钢筋直径的 2.5 倍。

（3）芯轴、挡块、转盘，应无损坏和裂纹；防护罩紧固可靠，经空运转确认正常后，方可作业。

（4）作业时，将钢筋需要弯的一头插在转盘固定销的间隙内，另一端紧靠机身固定销，并使用扶手压紧；检查机身固定销子，确认安装于遮挡钢筋的一侧，方可开动。

（5）作业中，严禁更换芯轴、销子；严禁变换角度和调整速度等作业；严禁加油或清扫。

（6）弯曲钢筋时，严禁超过机械规定的钢筋直径、根数及机械转速作业。

（7）弯曲高强度或低合金钢筋时，应按照机械铭牌规定换算最大限制直径，并调换相应的芯轴。

（8）严禁在弯曲钢筋的作业半径内和机身不设固定销的一侧站人；弯曲好的半成品，应堆放整齐，弯钩不得朝上。

（9）转盘换向时，必须在停稳后进行。

4. 预应力钢筋拉伸设备

（1）采用钢模配套张拉，两端设置地锚；拉伸设备配有卡具、锚具，钢筋两端安装镦头，场地两端外侧设置防护栏杆和警告标志。

（2）检查卡具、锚具及被拉钢筋两端镦头，如有裂纹或破损，应及时修复或更换。

（3）卡具刻槽应大于所拉钢筋的直径 0.7～1mm，并保证确认足够强度，使锚具不得变形。

（4）空载运转，校正千斤顶和压力表的指示吨位，定出仪表的数字，对比张拉钢筋所需吨位及延伸长度；检查油路有无泄漏，确认正常后，方可作业。

（5）作业中，操作平台应平稳、均匀，张拉时两端不得站人；拉伸机在压力情况下，严禁拆卸液压系统中的任何部件。

（6）在测量钢筋的伸长或拧紧螺帽时，应首先停止拉伸，操作人员应站立侧面操作。

（7）使用电热张拉法带电操作时，应穿戴绝缘胶鞋和佩戴绝缘手套。

（8）张拉时，不允许使用手摸或脚踩钢筋、钢丝。

（9）作业后，切断电源，锁好电闸箱；千斤顶全部卸荷，并将拉伸设备存放指定地点，及时保养。

2.2.1.4 混凝土振捣器的安全使用

（1）使用前检查各部件连接是否牢固，旋转方向是否正确。

（2）振捣器不得存放初凝的混凝土、地板、脚手架、道路，不得在干硬的地面上进行试振；如检修或作业间断时，应切断电源。

（3）插入式振捣器软轴的弯曲半径不得小于50cm，不允许多于两个弯曲，操作时振动棒应自然垂直地面沉入混凝土，不得全部插入混凝土中部。

（4）振捣器应保持清洁，不允许混凝土黏结在电动机外壳外，以阻止散热。

（5）作业转移时，电动机的导线应保持足够的长度和松度；严禁使用电源线，拖拉振捣器。

（6）使用绳索拖拉平板振捣器时，拉绳应干燥绝缘；移动或转向时，不得使用脚踢电动机。

（7）振捣器与平板应固定牢固，电源线须固定在平板上，电器开关应安装在手把上。

（8）在同一构件上，同时使用几台附着式振捣器工作时，所有振捣器的频率必须相同。

（9）操作人员须穿戴绝缘胶鞋和佩戴绝缘手套。

（10）作业结束后，做好清洗、保养工作；振捣器放置于干燥处，妥善存放。

2.2.2 手工具的使用

在水利工程隧洞混凝土施工现场，使用多种手动、电动和气动的小型、轻便的工具，这些工具多采用手工直接握持操纵，所以统称为手工具。一般手动的工具称为手动工具；电动、气动的又称为手提电动工具和手提气动工具。

2.2.2.1 手工具分类

（1）金属切削工具：如錾子、锉刀、钻头、刮刀、冲模、丝锥、板牙等。

（2）木工工具：如木錾子、木锯、斧等。

（3）装配工具：如螺丝刀、活板牙、呆扳手、套筒扳手、钳子、拔销器等。

（4）研磨工具：如砂轮、磨石。

（5）材料搬运工具：如滚杠、撬杠、钩等。

（6）击打工具：如锤子。

（7）起重工具：如千斤顶、链条葫芦等。

（8）手提电（气）动工具：如砂轮机、坡口机、电钻、冲击钻、电锤、风镐等。

2.2.2.2 手工具的安全使用

为保证手工具安全正常使用，在工具管理、检查维修和保养方面，应制定相应的规章制度和操作规程，加强管理，确保工具始终处于良好的工作状态。

每位作业人员均应根据工作的需要，准确地选用及合理地使用工具，这是预防伤害事故发生的重要环节。下面简要介绍手工具安全使用的方法和措施。

基本要求：①使用工具人员，必须熟知有关工具的性能、特点、使用、保管和维修及保养方法；②各种施工使用工具，具备生产许可厂家生产的合格产品；③工作前必须对工具进行检查，严禁使用腐蚀、变形、松动、有故障、破损等不合格工具；④电动或风动工具在使用过程中，不得进行调整和修理；停止工作时，禁止将机件、工具放置机器或设备任何部位；⑤带有牙口或刃口尖锐的工具及转动部件，应设置防护装置；⑥使用特殊工具时（如喷灯、冲头等），应配备相应安全措施；⑦小型工器具放置于工具袋中，妥善保管。

1. 电动工具

（1）电动工具须安装漏电保护器。

（2）电动工具须设置可靠的接地保护。

（3）电源开关及电线，应符合安全要求。

（4）使用电动工具时，应有必要的、合格的绝缘用品；在潮湿地带或金属容器内使用电动工具时，应配备相应的绝缘措施，并有专人监护；电动工具的开关，应设置在监护人便于观察、便于操作的部位。

（5）在高处或横向使用磁力电钻时，应设置防止因中途停电而造成电钻坠落的措施。

（6）使用射钉枪时，注意观察周围环境，防止产生伤亡事故。

（7）使用电动扳手时，反力矩支点应牢固，否则不允许启动。

（8）砂轮机使用前，检查砂轮有无外伤、裂纹等缺陷，然后进行空转试验，无意外情况时方可使用；由于砂轮机转数较高，且有一定的重量，打磨时与物件接触点要求较严格，过程中确保稳定性。使用时，操作者应全神贯注，佩戴防护镜；磨削时，应避免撞击，使用砂轮正面磨削，禁止使用砂轮侧面工作。为防止砂轮破碎出现伤亡事故，安装砂轮时，砂轮与两侧板之间应增加柔软垫片，防止撞击螺帽；使用时操作人员应站立侧面，不得两人同时使用一个砂轮；当砂轮片有效半径磨损 2/3 时，必须予以更换。

2. 风动工具

（1）使用风动工具，气源应安装汽水分离器，避免混浊空气进入，磨损机件。

（2）供气的金属管和软管吹洗过程中，不得正对施工人员，金属管、软管与套口连接，应牢固。

（3）风管不得变成锐角，因故挤压或受到损坏时，应立即停止使用。

（4）风动工具使用过程中，沿风管方向不得站立施工人员，防止风管脱落，出现伤亡事故。

（5）更换工具附件，应等待气体全部排出，压力下降趋于安全范围时，方可进行。

（6）使用冲击性风动工具（风锤、风镐、风枪等）时，应将工具设置于工作状态后，方可通气。

（7）严禁使用氧气，作为风动工具的风源。

3. 燃气、机械、油压工具

（1）喷灯（见图 2.22）。喷灯是靠燃气产生高温的气动工具；由于喷灯是手持工具，其稳定性差，火焰温度高，又有一定压力，使用时须谨慎。

使用前应进行检查：油筒是否漏油，喷油嘴螺丝扣是否漏气，油筒内的油量是否超过油筒容积的 3/4，加油的螺丝塞是否拧紧等情况。

图 2.22 喷灯

禁止明火的工作区，严禁使用喷灯；附近有可燃物体和易燃物体的场所，禁止使用喷灯；喷灯的火焰或带电部分的距离应满足：1kV 以下时，距离不小于 1m；1～10kV 时，距离不小于 1.5m；大于 10kV 时，距离不小于 3m。

使用喷灯时，灯内压力及火焰应调整适当，工作场所不得靠近易燃物体，作业场所应确认空气流通。

严禁燃料为煤油或柴油的喷灯在使用过程中添加汽油。

喷灯增加油料时，做到灭火，等待冷却，油压完全释放后方可进行；喷灯使用结束后，释放压力，等待完全冷却后放入工具箱妥善保管。

（2）千斤顶。

1）因千斤顶种类众多，型号繁杂，使用前必须熟悉千斤顶的性能、特点及使用方法。

2）保持千斤顶的清洁，放置于干燥、无尘处；切不可存放于潮湿、污垢、露天处；使用前，应将千斤顶清洗干净，并检查活塞升降以及各部件是否灵活可靠，油液是否干净等。

3）使用油压千斤顶时，禁止工作人员站立千斤顶安全栓的前面；安全栓有损坏时，不得使用。

4）千斤顶应与顶物垂直，且接触面良好。

5）千斤顶顶升重物时，不应长时间放置，更不得当作寄存物件使用。

6）千斤顶使用过程中，放置处应平整、坚实；若需要在凹凸不平或土质松软地面作业时，应铺设具有一定强度的垫板；为确保千斤顶与重物接触面紧密，其接触面间应铺设木板。

7）千斤顶的摇把上不允许套接管子；也不允许采用别的方法，加长摇把的长度。

8）千斤顶顶升高度，不得超过限位标志线；若无标志限位线时，不得超过螺丝杆扣或活塞高度的 3/4；当千斤顶螺旋螺纹或齿条磨损达 20％时，严禁使用。

9）注意千斤顶顶升过程的安全操作；顶升重物时，应先将重物顶升一定距离，然后检查其千斤顶底部是否稳固牢固；若出现略有倾斜时，必须重新调整，保证千斤顶与重物垂直、平稳、牢固，之后方可继续顶升；每升到一定高度，应在重物下面加垫板；上升达到要求的高度时，将重物支撑稳定。

10）千斤顶下降时应缓慢，不得猛开油门使其突然下降；齿条千斤顶也应如此，以防止突然下降造成摇把跳动，发生伤亡事件。

数台千斤顶同时顶升一个重物时，应有专人统一指挥，以保持升降速度同步；防止受力不均导致物体倾斜而发生事故。

（3）链条葫芦（见图 2.23）。链条葫芦使用过程中，应注意以下几点：

1）使用的链条葫芦应具备生产许可，同时提供产品合格证。

2）已经使用过的和经过维修的链条葫芦，在使用前应做详

图 2.23 链条葫芦

细检查，如吊钩、链条等是否完好，起重链根部销子是否符合要求，传动部分是否灵活，起重链是否错扭，自锁是否有效，各部件是否有裂纹、变形等。

3）在使用过程中，如发生卡链，应将重物垫好后，方可检修。

4）链条葫芦在任何方向作业时，手拉链的方向应与链轮的方向一致；拉链条用力均匀，不得突然加力。

5）操作时，葫芦下方不得站立施工人员。

6）严禁超负荷使用链条葫芦；在操作中应根据葫芦起重能力的大小决定拉链的人数；一般起重能力在 5t 以下的允许 1 人拉链，5t 以上的允许 2 人拉链，拉不动时要查明原因，以防物体卡阻或机件失灵发生事故。

7）吊物如需在高处停留一段时间时，将手拉链牢固地拴在起重链上并启动保险，同时设置安全绳，以防自锁失灵。

8）链条葫芦不得用于高处寄存重物或临时存放设备。

9）链条磨损达 15％以上时，严禁继续使用。

10）切勿将润滑油渗入摩擦片内，预防自锁失效。

4．其他手工具

（1）金属切割工具。

1）錾子。①錾子是錾削用的工具，通常是用碳素钢制作而成，不应使用高速钢作錾子，热处理后的硬度为 HRC48～52；錾顶不允许淬火，不允许有裂纹和毛刺。②通常錾削毛坯表面的毛刺时，浇冒口和分割材料可采用扁錾（阔錾）；錾槽及分割曲线形板料可用尖錾（狭錾），錾削油槽使用油槽錾。③握錾方式和操作要正确；錾子使用左手中指、无名指和小指握紧，大拇指和食指自然合拢，錾子头部伸出 20mm 左右；为减少錾对手的震动，錾子不得握得太紧。④錾削时，应从工件侧面的尖角处轻轻起錾，錾开缺口之后，采用全刃工作；否则，錾子容易弹开或打滑，发生事故；切削距工件尽头 10mm 处时，应掉头錾削。⑤为防止锤子从錾子端头滑脱，致使手部受伤，可于錾柄把手处上方套一个泡沫橡胶垫；为防止飞屑或碎块发生伤亡事故，作业者应佩戴防护镜，工作台上应设置钢网护板。⑥錾尖应略带球面形，若出现飞边卷刺则应及时修整，以确保锤击力重合錾子中心线。

2）锉刀。锉刀采用高碳钢 T13 或 T12 制作而成，淬火后的硬度为 HRC62～67。锉刀分为普通锉、特种锉和整形锉 3 类。普通锉又分为平锉、方锉、圆锉、半圆锉和三角锉等；特种锉分直锉和弯锉等；整形锉俗称组锉，由多种不同形状和断面的锉刀组成一套整体；另外，还有粗锉刀、细锉、双细锉刀和油光锉刀。

锉刀的安全使用注意事项：①锉刀必须安装手柄后，方可使用；否则锉刀的尾尖，可能扎伤手部、手腕或身体的其他部位。②应正确地使用锉刀。通常采用右手握紧锉柄，左手握住或扶住锉刀的前边，两只手均匀用力，推进锉刀；断面比较小的锉刀在使用时，施力不应过大，避免锉刀折断；锉削速度不宜过快，一般在每分钟 20～60 次为宜。③锉刀和锉柄上防止油脂污染，进行锉削的工件两面，不宜被油脂污染，防止锉刀打滑，发生事故。④锉削时不应使用嘴吹切屑，预防切屑飞入眼内；也不得使用手去清除切屑，以防切屑扎破手指和手撑；正确的处理方法是使用刷子清除干净。⑤锉刀使用结束后，应妥善放置，不应重叠摆放，以免损坏锉齿；临时存放操作台上时，不得露出台面，以防掉落伤脚。⑥严禁将锉刀当作其他工具使用，更不应当作扁铲、撬棍使用，以防折断，发生伤亡事故。

3）手锯。手锯锯条多用碳素工具钢及合金工具钢制作而成，并以热处理淬硬。

手锯在使用中，锯条折断是造成伤害的主要原因，在使用中应注意以下事项：①根据所加工材料的硬度和厚度，正确选用锯条；锯条安装的松紧应适度，同时根据手感随时调整。②被锯割的工器件应夹紧，锯割中不允许位移和振动；锯割线靠近工器件支承点。③锯割时要扶正锯弓，防止歪斜；起锯应平稳，起锯角不应超过 15°，当角度过大时，锯齿易被工器件卡夹。④锯割过程中，向前推锯时，双手应适度加力；向后退锯时，应将手锯略微抬起，不得施加突然压力；用力的大小应根据被割工器件的硬度而确定，硬度大

43

的可施加力度大点，硬度小的可施加力度小点。⑤安装或调换新锯条时，应注意保证锯条的齿尖方向朝前；锯割中途调换新条时，应重新调头锯割，不宜继续沿原锯口锯割；当工器件即将被锯割完成时，应用手扶握紧，避免掉落伤脚。

4）丝锥和板牙。丝锥和板牙是切削内外螺丝的工具。一般使用工具钢或高强钢制作，并经热处理淬火硬化。丝锥分为手工使用丝锥和机械使用丝锥两种；板牙有圆板牙和圆柱管螺纹板牙。

攻丝和套丝时应注意：①攻丝时端面孔口设置倒角；丝锥应与工器件的孔口同轴；攻丝开始时应施加轴向压力，使丝锥切入；切入几圈之后，不应继续施加轴向力。②当丝锥校准部分进入螺孔后，每正转半圈直到最后一圈时，应退回 $1/4 \sim 1/2$ 圈，切屑碎断完成后，再继续进行；通孔完成后，应退出丝锥进行排屑。③在钢类工器件上攻丝时，应施加切削液在铸铁工器件上攻丝，过程中可添加少量煤油；进行头攻后，再进行二攻、三攻时，必须将丝锥旋入螺孔。④套丝时工器件端部采用倒角，板牙端面应与工器件轴线垂直；套丝开始时，应施加轴向压力，转动压力要相应地大一点；当板牙在工器件上切出螺纹时，将不再继续施加压力。⑤套丝时，为使切屑碎断、排出及时，应随时反转板牙。⑥工器件应牢固固定于夹、卡具上；当丝锥折断时，不得使用扶手触摸折掉处；采用夹錾剔出断丝时，必须佩戴防护镜。

5）剪切刀。剪切刀是采用两个楔形刀刃相对运动，针对薄板材料进行成型或切割作业的刀具。剪切刀应根据被剪材料的厚度及工器件的形状，选用相应规格的剪切刀，防止剪切刀由于超负荷工作而崩刃；需要剪切弯曲的、弯度较小的、短的切口时，采用手工剪；剪切直的、长的工器件时，可使用直通剪；剪切内曲线，应使用孔剪；剪切厚度大的应使用手动机器剪。

使用时应注意正确的操作要求：①不得将被剪切的工器件近距离推向剪轴；由于剪口开口较大，当工器件受切力时，容易向外滑落，造成伤害事故；刃角为 $14°$ 时，最有利于剪切，省力又防滑。②剪切时，不得用手触摸刚刚被剪过的工器件边缘，避免锋利的毛刺伤手；搬运或手扶工器件时，作业人员须佩戴帆布或皮革制成的防护手套。③使用剪切刀修剪金属薄板的角边或裂口时，为防止碎片飞出伤害眼睛，作业人员必须佩戴防护镜。④剪切时，应将工器件加紧牢固，防止工器件受力后转动产生伤害；不得将剪切刀柄上增加管子，或延长剪刀手柄。

6）刮刀。刮刀是工器件表面精细加工刀具；刀具有锋利的刃口，多采用 TI_ZA 碳素钢或滚动轴承钢制作而成。镶嵌硬度合金的刀头多分为平面刮刀和曲面刮刀两种；在使用过程中，应根据加工工器件对表面准确度要求，选择使用。

刮刀使用的安全注意事项：①刀应安装牢固光滑的手柄。在刮削用力过程中，若出现把柄部位脱落或断裂，将会造成人员伤害。特别是采用挺刮法时，刮刀尾部应安装配备光滑的、接触面较大的把柄，防止伤害作业人员的腹部或身体的其他部位。②刮刀在停止使用时，应存放不易坠落的地方，以防刮刀掉落，伤及施工人员或损坏刮刀；刮刀不得与其他工具存放一个工具袋中，单独妥善保管。③被刮削的工器件应固定牢固，放置高度应适宜操作人员作业；操作人员刮削时，不允许被刮削的工器件出现移动、滑动的现象。

（2）木工工具。

1）斧和锛。斧和锛是木工主要的砍削工具。斧有单刃，适合砍削；有双刃，适合于砍劈。锛主要用于大木料平面的砍削。

斧和锛的安全操作注意事项：①应经常保持斧和锛的刃口锋利，这样有利于刃口砍入木料；刃口钝的斧和锛在使用时，会从材料表面上滑过，而伤及作业人员的腿或脚部。②平砍时，应将木料卡在工作台上，被砍削面朝上，两手紧握斧把；立砍时，一只手将木料拿住扶正，另一只手紧握斧把；开始落斧时，用力要轻，掌握好落斧的方向和用力的大小，根据实际情况，逐渐加力砍削。③砍削时须注意斧头和锛的动力弧线；在允许的动力弧线的范围内，不得出现钢丝、铁线或藤条、树枝等障碍物，防止钩住斧头和锛，从手中滑出造成伤害事故；使用锛时应小心谨慎，看准砍稳。④在地面上砍劈时，作业人员必须穿安全防护鞋；被砍劈的木料底部垫上木块；当破劈圆木料时，应将木料安装于马架子上或枕槽内，固定并卡紧木料，防止木料滚滑而伤及作业人员的脚和腿部。⑤砍削过程中，随时检查斧头与手柄的连接处是否牢固，预防斧头飞出产生伤亡事故；在砍削时如遇到疤节，不应硬砍，遵守从疤节的中心向两边砍削的原则。

2）锯。木工使用的锯割工具种类繁多，根据锯的结构不同而分为：框锯（又叫架锯，有粗锯、中锯、细锯、绕锯、大锯等）、横锯、刀锯、倒锯、板锯、狭手锯、钢丝锯等。

使用过程中，须注意各类锯的安全操作方法：①框锯在使用前，应将旋钮把锯条角度调整好，习惯应与木架的平面成 45°角度，使用铰片将绷绳铰紧，使锯条绷直拉紧；开锯路时，右手紧握锯把，左手按在起始处，轻轻推拉几次，用力不宜过大；锯割进行时，锯片不得左右歪扭；送锯时要重，提锯时要轻，推拉的节奏应均匀。割锯即将完成时，应将被锯下的部分扶手拿稳；割锯结束后，放松锯条，并悬挂于牢固、稳定部位。②使用横锯时，两只手的用力应均衡，防止向用力大的一侧跑锯；纠正偏口时，应缓慢纠偏，防止卡锯条或将锯条折断。③使用钢丝锯时，用力不应太大，拉锯速度不可太快，以免将钢丝绷断。拉锯时，作业人员的头部不允许处于弓架上端，以免钢丝折断时弹伤面部。④割锯过程中，应随时检查锯条的锋利程度和锯架、锯把柄的牢固程度。对锯齿变钝、斜度不均的锯条，须及时修理；对损坏的绳索、螺母、旋钮、把柄及木架，在及时修整、恢复正常后，才允许继续使用。

3）凿子。凿子是打眼、剔槽及在狭窄部位作切削的工具，分为平凿、斜凿、圆凿等。凿方孔和切削使用平凿；倒棱、剔槽及狭窄部分的剔削宜使用斜凿；圆凿专用于圆孔或弧形部分。

凿子使用的安全操作如下：①凿削前，应先将木料放置于工作平台上；若木料长度超过 40cm 以上时，作业人员可坐压木料上面进行操作；打凿子时，扶手紧握凿柄，防止凿子左右摆动，避免锤和斧滑落伤及手部或其他部位。②凿柄使用硬质的檀木、榉木、柞木制作而成，为预防撞击时柄端起毛或出现裂口、裂纹；在手柄端部撞击处，安装铁箍，加以保护。③凿削时，应随时观察斧把、锤柄及凿柄的牢固程度，避免斧头或锤头脱飞伤及施工人员；不得将木凿子当作撬具使用；凿子停止使用时应妥善保管，不得放置于易坠落的部位。

（3）装配工具。装配工具通常指的是螺丝刀、活络扳手、开口扳手、整体扳手、内六角扳手、套筒扳手、拔销器、斜键和轴承装卸工具等。

1）扳手。扳手主要是用于旋紧六角形、正方形螺钉和各种螺母的工具。它采用工具钢、合金钢或可锻铸铁制作而成，通常分为通用的、专用的和特殊的三大类。

使用时应根据螺钉、螺母的形状、规格及工作条件，选用规格适宜的扳手进行操作。其安全操作事项如下：①由扳手体、固定钳口、活动钳口及蜗杆等组成活络扳手，为通用扳手；它的开口尺寸可在一定的范围内调节，所以在开口尺寸范围内的螺钉、螺母可以使用；但不允许使用大尺寸的扳手去旋紧尺寸较小的螺钉，这样会因扭矩过大而使螺钉折断。依据螺钉六方头或螺母六方的对边尺寸调整开口，间隙不应过大，否则将会损坏螺钉头或螺母，且容易滑脱，产生伤害事故；固定钳口，使其承受主要作用力，并将扳手柄朝向作业人员方向拉，不得向前推；扳手手柄不允许任意接长，不得将扳手当锤击工具使用。②呆扳手（开口扳手）、套筒扳手、锁紧扳手和内六角扳手等称为专用扳手。它的特点是单头的只能拧旋一种尺寸的螺钉头或螺母，双头的也只能旋拧两种尺寸的螺钉头或螺母。呆扳手使用时，应保证扳手开口与被旋拧件配合良好，加力旋拧。若接触不良时，加力容易滑脱，致使作业人员身体失衡，产生伤害。套筒扳手在使用时，需要接触紧密后加力；发现梅花套筒及扳手柄变形或有裂纹时，应停止使用。使用过程中，随时清除套筒内的尘垢和油污；使用锁紧扳手和内六角扳手时，应选择合适的规格、型号进行作业；否则，可能滑脱，出现伤亡事故。③棘轮扳手、扭矩限定扳手是根据特殊要求而制成的特种扳手，应根据产品说明书的要求正确使用；在使用过程中，根据指示器的读数调整作用力，满足正常作业要求。

2）螺丝刀。螺丝刀是用来旋紧或松开头部带沟槽的螺丝钉的专用工具，它的工具部分采用碳素工具钢制作，并经淬火硬化。其使用注意事项如下：①应根据旋紧或松开的螺丝钉头部的槽宽和槽形选用适当的螺丝刀，不能用较小的螺丝刀去旋拧较大的螺丝钉。十字螺丝刀用于旋紧或松开头部带十字槽的螺丝钉；弯头螺丝刀用于空间受到限制的螺丝钉头。②螺丝刀的刀口损坏、变钝时应随时修磨；采用砂轮打磨时，采用洒水冷却；无法修补的螺丝刀，如刀口损坏严重、变形、手把柄部裂开或损坏时，应予以报废，停止使用。③不得使用螺丝刀旋紧或松开握在手中工器件上的螺丝钉；使用过程中，应将工器件固定在夹具内，以防滑落发生伤亡事故。④不允许使用锤击螺丝刀手把柄端部的方法，撬开缝隙或剔除金属毛刺及其他的物体。

3）手钳。手钳是用来夹住工器件或剪刀工器件的专用工具。其钳口不是固定的，钳口表面有锯齿和剪切刃口，所以也叫夹剪；电工用手钳主要用于剪切线材。

使用时应注意：不允许将手钳当成扳手使用，剪切线材短头时，为防止飞出的短头产生事故，短头应朝地下，作业人员应佩戴护目镜，电工手钳把柄处必须添加绝缘套。

（4）锤子。锤子是主要的击打工具，由锤头和锤柄组成，锤头材质多采用 45 号钢。根据被击打工器件的不同，锤头有时采用铅、铜、橡皮、塑料或木材等制成的软锤子。

锤子的重量应与工器件、材料和作用力相适应；太重或过轻，均会出现安全事故。

锤子质量增加 1 倍时，能量增加 1 倍；速度增加 1 倍时，能量增加 4 倍。所以，为了安全，使用锤子时，必须正确选用锤子和掌握击打时的速度。

使用手锤时，应检查锤头与锤柄的连接处是否牢固。出现松动时，应立即加楔紧固或重新更换锤柄。锤子的手柄长短必须适度；

经检验较适宜的长度为：手握锤头，前臂的长度与手锤的长度相等。若需要较小的击打力时，可采用手挥法；若需要较强的击打力时，宜采用臂挥法。使用臂挥法时，应保证锤头的运动弧线；另外，手锤柄部不允许油脂污染。

使用大锤时应注意以下几点：

1）锤头与把柄连接处必须牢固；锤头与锤柄松动、锤柄有劈裂和裂纹时，应停止使用。锤头与锤柄在安装孔加楔，以金属楔为宜，楔子的长度不得大于安装孔深的 2/3。

2）为保证击打时有一定的弹性，把柄的中间靠近顶部的部位要比末端稍狭窄。

3）使用大锤时，必须注意前后、左右、上下环境条件；在大锤运动范围内，严禁站立施工人员；不允许大锤与小锤交叉打击作业。

4）锤头不允许淬火，不得有裂纹和毛刺；发现飞边卷刺时，应及时修整。

羊角锤既可敲击、锤打，又可以起拔钉子，但对较大的工器件锤打时，不允许使用羊角锤。钉钉子时，锤头应平击钉帽，使钉子垂直进入木料。起拔钉子时，宜在羊角处垫上木块，增强起拔力。羊角锤使用过程中，不得将羊角锤当撬具使用。锤击过程中，应采取措施，保证锤击面平整完好；起拔钉子时，把握角度，正确加力，预防发生事故。

第 3 章

火 工 品 安 全 管 理

为规范火工品管理，杜绝恶性安全事故的发生，确保监督检查及施工人员的生命财产安全，结合工程施工实际，制定火工品安全管理规定。

本规定主要依据《中华人民共和国民用爆破物品管理条例》《水利水电工程施工安全管理导则》（SL 721—2015）及相关规定编制而成。

3.1 职责权限

3.1.1 现场监督机构职责

（1）检查炸药的采购、运输和储藏。

（2）检查炸药的采购计划是否执行了批准计划，是否为限量采购。

（3）检查炸药的申购运输管理工作是否符合要求。

（4）检查炸药的品种、质量是否满足使用要求。

3.1.2 监督检查人员职责

（1）根据工程建设需要，审核具体采购计划。

（2）对火工品的运输、储藏和管理工作，进行监督。

（3）检查是否配置专人看管火工品。

（4）检查是否执行出入库和领用制度。

（5）不定期或定期进行工作检查，检查管理领用情况。

（6）监督检查火工品是否按规定进行领取和使用。

（7）审查爆破是否执行审批方案，严禁无方案实施爆破。

3.1.3　现场爆破人员职责

（1）检查工程施工每次爆破前质量安全部门是否提出申请报告，是否执行限额领料制度，是否执行爆破并备案制度。

（2）检查火工品的指定用途；严禁挪作他用或利用领取的火工品进行违法犯罪活动。

（3）检查火工品当班使用情况，未使用的炸药必须退还。

（4）检查每次未使用的火工品是否及时退库并进行登记，严禁私自存放。

（5）检查爆破作业工作是否根据批准的设计或爆破方案进行施工；每个爆破作业面是否安排专人负责爆破作业的指挥和组织安全警戒工作。

（6）检查从事爆破作业的人员是否接受爆破技术的专门训练或培训，是否熟悉和掌握爆破方面的有关知识和技能。

（7）要求严格按爆破作业规定进行操作，严禁违章作业。

3.2　火工品的申请采购

（1）监督检查人员应在爆破施工前，检查所需火工品的数量、品种。

（2）检查作业点火工品的实际需求量，收集能够证明本单位具有资质进行爆破作业的相关证书（爆破安全作业证）等资料，检查当地公安机关《采购证》和《运输证》的批复情况。

3.3　火工品的装卸

（1）从事火工品装卸运输的人员，须经过有关火工品性能的基础教育及培训，并熟练掌握其安全技术知识。

（2）搬运装卸作业宜在白天进行，严禁夜间装卸雷管；若需要夜间装卸火工品时，装卸场所应配备充足的照明；夜间作业时，允许使用的照明为防爆电灯或防爆安全灯。

（3）在装卸火工品时，火工品运输工具离库房的停车距离不小于 10m；采用人力装卸、搬运火工品时，每人以重 25～30kg 为限，搬运者相距不得小于 3m。

（4）火工品搬运时，应谨慎小心，轻搬轻放，禁止冲击、碰撞、拉拖、翻滚或投掷；装有爆破器材的容器，堆放时不允许在上面踩踏。

（5）运输炸药雷管时，装车高度应低于车厢 10cm，车箱底部应辅软垫，雷管箱不允许倒放或立放，且层间设置软垫。同一车上不得装运两类不同性质的爆破器材。雷管与炸药不允许在同一车厢或同一地点装卸。

（6）装车后必须在车辆上加盖帆布，并用绳子绑牢，检查无误后方可行驶；装有火工品的汽车，严禁在中途进入加油站加油，严禁在中途进入修理厂修理。

3.4　火工品的运输

（1）装卸和运输火工品时，严禁吸烟或携带易燃物品。

（2）运输爆破器材时，必须遵守下列规定：

1）配备押运工作人员，外部运输必须有警卫人员护送，按指定路线行驶。

2）装有火工品的车辆，不允许在人多的地方、交叉路口或桥上（下）停留。

3）装有火工品的车辆，应配备帆布覆盖，并设置明显危险警戒标志，非押运工作人员不允许乘坐。

4）气温低于 10℃时运输易冻的硝酸甘油炸药，或气温低于 -15℃时运输硝酸甘油炸药，须采取防冻措施。

5）禁止使用翻斗车、自卸汽车、拖车、机动三轮车、人力三轮车、摩托车和自行车等运输火工品。

（3）使用汽车运输爆破器材时，必须遵守下列规定：

1）汽车应装设专门的缓冲器，汽车的排气管应引至前面散热器的下面，应配挂两只泡沫灭火器以及其他必要的灭火工具。

2）在任何时候、任何情况下，禁止使用急刹车，预防意外事故的发生。

3）汽车行驶在视线良好的环境条件下，时速不得超过 20km/h（工区内不得超过 15km/h），在弯多坡陡、路面狭窄的山区行驶，应保持时速在 5km/h 以内。行车间距：平坦道路应大于 50m，上下坡应大于 300m。

4）汽车车厢底板、侧板和尾板，均不得存在空隙；车厢内空隙应予以严密堵塞，严防运送的火工品微粒散落地面，摩擦生火。

5）木板上的钉子，应钉入木板平面以内，并使用油灰腻子抹平。

6）装运火工品的一切运输车辆，严禁开快车或抢道行驶。

3.5 火工品的贮存

（1）爆破器材必须贮存在专用仓库，并设立缓冲间和相应的安全警戒区。因工程建设需要设立的爆破器材专用仓库，通常需要报请当地公安机关同意，并领取《爆炸物品贮存许可证》。

（2）爆破器材专用仓库，适宜建成地面库；在条件不允许的情况下，经过地质勘察，可以修建洞库。专用仓库应设立在地形隐蔽、便于警戒、利于安全的独立地段，尽可能傍山构筑，避免积水和烈日暴晒。洞库多数修建在山区丘陵地带，利用平洞与地表相连，也可利用旧平洞或山洞作为洞库。

（3）根据炸药库存储量，确定专用仓库的安全距离。要求距离居住点、风景区、汽车库、修理所、锅炉房等场所的距离不得少于300m；距工厂、矿山、交通要道、高压线路、燃料库、输油管道等重要设施的距离不得少于 500m。爆破器材库之间的安全距离，按照诱爆最小安全距离计算确定。炸药库应与生活区隔离。

（4）地面专用库房结构应满足防潮、防热、防冻、防雷、防火、防盗等要求；地面库应该为平房，并采用钢筋混凝土或砖混结构砌墙。库房地面应采用不发火材料铺设，雷管库房的地面应铺设软垫；库房设置朝外开的双层门，内层为铁皮包覆的防火门。库房面积、净高按设计库存量计算确定。

（5）洞库的洞口外洞轴线左右 75°范围内，不宜设立其他爆破器材库。洞口设置朝外开的双层门，外层必须为铁皮包覆的防火门；距洞口 25m 的范围内，必须修建两层铁丝网或围墙，洞内支护采用防火材料；采用木支护时，支架要进行防火处理。

（6）专用仓库应配备防火、防水、防雷电、防盗等安全消防设施，具备"三铁一器"（铁门、铁窗、铁锁、报警器）。通风窗应加装防盗、防鼠、防鸟铁网栅。爆破器材仓库严禁设置照明线路和其他电器设备，必要时，应严格按照防爆标准设置。报警系统严禁使用微波、雷达和其他较低频率电磁波束探测报警系统；在库房显著位置，应设置危险、防火、禁烟等标志。

（7）库房外墙与库区内丛林、灌木之间，应预留不小于 15m 的防火隔离带；对隔离带内生长的杂草，应经常剪割，杂草不高于地面 10cm；冬天杂草枯黄时，应及时铲除干净，防止引发火灾。

（8）火工品须随领随用，不得存放；未使用剩余的火工品，应立即退库。

（9）爆破器材的堆放应平稳、牢固、整齐，堆放高度应符合规定，同时留出一定的通道，以利搬运、通风和检查。

（10）火工品应按下列规定堆放：宽度应小于 5m，垛与垛之间宽度为 0.7~0.8m，堆垛与墙壁应有 0.2m 的空隙，炸药堆垛高度为 1.6m。不同品种的产品须分别堆放，炸药与雷管不得共同存储于同一炸药库。

（11）爆破材料不宜直接堆放在地面上，应铺垫 20cm 高的方木和垫板；库房内严禁明火，并严格执行防火安全相关规定。

（12）施工现场不允许设置库房储存爆破器材；如因施工需要，须临时少量存放爆破器材时，应征得保卫、质量安全部门同意，限量贮存。

（13）爆破器材仓库应安排专人负责管理，并安排保卫人员昼夜值守。

（14）装爆破材料的开箱不得在库房内进行；严禁在存储爆破器材仓库内，进行房屋修缮。

（15）管理人员须严格执行爆破材料的验收、发放及统计管理制度。

3.6　火工品的保管

（1）选配爆破器材保管人员时，首先由保卫和质量安全部门对其进行严格政审，由业务主管部门对其进行岗前技术培训。当政审、培训合格后，才能担任保管员。爆破器材保管人员在参加集训或探亲等外出期间，应按照爆破器材管理人员条件选派专人接替；对不合格的保管员，应坚决予以调离。

（2）专用仓库须设昼夜岗哨，落实干部跟班作业制度。专库须执行"双人双锁"规定，严禁单人进入库房或在库房内停留；库房内设置"两簿""两框""一表"。"两簿"即《出入仓库登记簿》《出入仓库人员登记簿》；"两框"即《保管员职责》《仓库管理规定》；"一表"即《月份温湿度登记表》。

（3）爆破器材储存数量不得超过设计容量。库中堆放应稳固、整齐，同时便于检查和通风。做到"一垫五不靠"，即下垫枕木，上不靠顶，四周不靠墙；堆放爆破器材时，包装箱箱盖朝上，标志面应一致朝向工作通道或检查通道，每个批次爆破器材，均应设置卡片；硝酸甘油类炸药和雷管箱，应单层摆放在木架上，禁止叠放。零散炸药应单独存放，零散雷管应采用软填塞挤牢。长期存放的爆破器材，每两年至少应倒垛一次；倒垛时，应轻搬轻放；清扫时，应使用柔软的工具，严禁倒置、拖拉和抛掷爆破器材。

性质相抵触的爆破器材，严禁同库储存；同时严禁在专用仓库内储存其他物品。

（4）在爆破器材库内应做到"四严禁"。严禁使用手机、高频率发射机、对讲机等无线电发射器；严禁携带火种进入库区；严禁穿鞋底有金属片的鞋子和产生静电的化纤衣服进入库区；严禁无关人员进入库区。

（5）特殊用途购置的爆破器材，只限于特殊用途的施工生产使用。隧洞洞挖剩余的爆破器材，由质量安全主管部门在施工范围内调剂使用；数量较大时需要调整到别的地方，此时应报当地主管部门批准并报项目部备案；内部调剂有困难的，经主管部门审批后，可商请行业安全主管部门调剂给地方使用，但使用单位必须具备爆破器材的使用资格，并具备合法、有效的证件。

3.7　火工品的领用

（1）工程施工每次爆破前，均应向质量安全部门提出申请报告，采用限额领料制度；在征得质量安全部门同意进行爆破并备案的前提下，方可向项目部物资采购部门领取火工品。

（2）火工品领用时，应执行严格的登记制度；登记内容包括火工品的数量、种类以及用途。

（3）火工品使用应明确具体用途，严禁挪作他用或利用领用的火工品进行违法犯罪活动。

（4）每次爆破作业未使用剩余的火工品，应及时退库并进行登记，严禁私自任意存放。

3.8　火工品的销毁

（1）对已变质或过期失效的爆破器材，应及时清理出库，经相关部门批准后，进行销毁。

（2）爆破材料，销毁方法如下：

1）硝铵炸药可采用水溶、爆破等方法。

2）胶质炸药只允许采用爆破法。

3）雷管销毁只允许采用爆破法。

4）导火索只允许采用燃烧法。

5）导爆索采用爆破法。

（3）销毁工作应做好以下事项：

1）销毁工作应有专人负责组织指挥，单位负责人和安全技术负责人以及公安保卫人员参加，并安排有经验的人员进行销毁。

2）销毁爆破器材时，应选择在天气较好的白天进行，禁止在狂风雷雨、大雪天、风向不定的天气或夜间进行。

3）销毁前，对所用的爆破器材、起爆材料、场址及安全设备等应进行认真细致的检查，确保安全。

4）销毁前，须在销毁地区设置安全警戒人员，禁止一切无关闲杂人员和车辆进入危险区。

5）一切报废的爆破器材，禁止在阳光下暴晒。

6）销毁后清理场地时，须在场地冷却后进行，并确认销毁工作全部结束。

（4）销毁工作，必须遵守有关爆破安全的规定。

3.9 火工品的安全检查

（1）严格安全检查制度，及时核对库存爆破器材的品种、数量，每季度应进行一次安全检查，每年对库存的不同批号爆破器材的时效性能进行一次实燃、实爆抽样检测。

（2）重大节日、重要活动期间，对爆破器材安全管理情况进行检查；工程竣工前，须对爆破器材进行点验、清查。

（3）发现爆破器材丢失、被盗时，须立即保护现场，同时迅速报告保卫部门或当地公安机关。

3.10　火工品保管员职责

（1）认真钻研业务，提高业务素质，做好本职工作。

（2）熟悉保管爆破器材的名称、型号、数量、生产时间、有效日期、入库时间及存放位置，了解其性能及安全注意事项。

（3）熟悉爆破器材管理规定及保管技术要求，做好登记、统计工作。

（4）能够正确使用、维护和管理库房配备的工具、设备；同时做好库室通风、密闭、吸湿等工作。

（5）做好库房、存储室及其设施、设备的日常安全检查，发现问题及时处理，并向相关部门报告。

（6）配合业务管理干部做好库存爆破器材的鉴定、分类、搬运、销毁等工作。

3.11　工程施工爆破作业安全

工程施工爆破作业时，会发生事故。因此，监督人员应高度重视，制定切实可行的安全技术措施，预防事故的发生。

（1）在进行爆破作业时，须制订安全技术措施计划；未制订安全技术措施计划时，不得进行爆破作业。在制订安全技术措施计划时，应满足下列要求：

1）确保人员的安全。

2）保证机械设备、物资器材的安全，防止中断交通、通信、供风、供水、供电等，预防事故的发生。

3）防止爆破引起的工程质量事故发生，预防加剧不良地质段岩体的恶化。

（2）爆破作业开始前，须明确规定安全警戒线，制定统一的爆破时间和信号，并在指定地点设立安全哨；值勤人员应佩戴袖章，配备红旗和口哨，身着迷彩服，佩戴安全帽。

（3）装药前，非爆破作业人员和机械设备均应撤离至安全地点，或采取防护措施。撤离之前，不得将爆破器材运至工作面。

（4）在无照明的夜间、中雨、大雨、浓雾天、雷电及五级以上风（含五级）等恶劣天气，均不得进行露天爆破作业。

（5）当洞内作业人员未撤离工作面时，严禁爆破器材进入洞内。向洞内运输爆破器材时，应遵守下列规定：

1）检查运输设备及容器是否安全可靠。

2）禁止炸药、雷管同时运输。

3）装雷管的箱子须绝缘；禁止将爆破器材存放于洞口、洞底及其他通道内。

（6）作业区、加工厂使用电雷管起爆时，距离爆破较近的所有施工人员均应携带绝缘手电筒，以防引起爆炸。应检查报话机有无漏电、感应电的现象，确认安全后，方可在爆破区将报话机作为通信联系工具。

（7）明确爆破警戒音响信号，统一规定如下：

1）预告信号：间断鸣哨 3 次长声。例如：鸣哨 30s（停）、鸣哨 30s（停）、鸣哨 30s，此时现场停止作业，迅速撤退。

2）准备信号：准备信号在预告信号发布 20min 后发布，间断鸣哨一长一短，连续 3 次。例如：鸣哨 20s、鸣哨 10s（停）、鸣哨 20s、鸣哨 10s（停）、鸣哨 20s、鸣哨 10s。

3）起爆信号：准备信号发布 10min 后发布，连续鸣哨 3 短声。例如：鸣哨 10s（停）、鸣哨 10s（停）、鸣哨 10s。

4）解除信号：炮响后 20min，检查人员方可进入现场检查；确认安全后，由爆破作业负责人通知发出解除警戒信号；鸣哨一次长声。例如：鸣哨 60s。

5）在特殊情况下，如准备工作尚未结束，可由爆破负责人通知拖后发布起爆信号。在拖后信号发出后，还需要使用广播通知现场全体施工人员注意安全。

（8）装药时，严禁将爆破器材放置于危险地点、机械设备、电源火源附近。

（9）在下列情况下，禁止装炮：

1）炮孔位置、角度、方向、深度等不符合要求时。

2）孔内岩粉末未清除、孔内温度超过35℃时。

（10）装药和堵塞应使用木、竹制作的炮棍；严禁使用金属棍棒装填。

（11）当使用信号管时，其导火索长度不得超过爆破孔导火索长度的1/2。

（12）爆破后炮工，应检查所有装药孔是否全部起爆；若发现瞎炮，应及时按照瞎炮处理的规定妥善处理。未处理前，应在其附近设立警戒人员看守，并设置明显标志。

（13）水利工程隧洞开挖爆破时，自爆破器材进洞开始，通知相关单位施工人员撤离，并在安全地点设立警戒员，禁止非爆破作业人员进入洞内参加作业。

（14）起爆前须将剩余爆破器材撤离施工现场，并运回药库；剩余炸药不得储存于施工现场，避免发生安全事故。

（15）地下开挖爆破禁止使用黑火药。

（16）起爆药包应根据每排炮需要量进行加工，不得存放、积压；加工地点应位于专用的加工房内。

（17）制作每排炮的起爆药包所使用的炸药、雷管、导火索、传爆线等，应为同一厂家、同一批号且经过检查合格的产品。

（18）点炮人员事先须选定安全掩蔽地点；当爆破地点无安全可靠的撤离条件时，严禁使用火花起爆。

（19）用于潮湿、存在积水工作面的起爆药包，应进行严格的防水处理。

（20）地下洞室内，空气含沼气或二氧化碳浓度超过1%时，禁止进行爆破作业。

第4章

施 工 作 业 安 全

4.1 汽车驾驶安全

4.1.1 基本规定

（1）汽车驾驶员须遵守国家颁布的有规定和技术要求，持有驾驶证、行车证及年审证。不得驾驶与证件不相符合的车辆；不允许随意将车辆交给他人驾驶。

（2）驾驶新型车辆须经过专门训练，并能熟悉车辆各部件的结构、性能、用途等，做到会驾驶、会保养、会排除简单故障。对技术难度较大的车辆，应经过专门培训并考试合格后，方可单独驾驶。

（3）取得交警管理部门的考试合格证后，还应在熟练人员的指导下，在指定的路线上学习驾驶。

（4）驾驶人员必须遵守一切规章制度，服从交通民警及管理人员的指挥、检查，积极维护交通秩序，保障人民生命财产安全。

（5）车辆不超载运行，不准带病行驶；发动机未熄火前，不得加添燃油。

（6）油料着火时，不得浇水，应采用灭火机、砂土、湿麻袋等抢救；电线着火时，应立即关闭电门，拆除蓄电池电线，切断电源。

（7）使用含有四乙铅的汽油时，不得使用嘴直接去吸或吹通油管、汽化器的各管孔等，以防中毒或损伤皮肤。

（8）车辆的部件、附属装置随机配备完整齐全，技术性能良好；车辆的基本状况，应满足规定要求；切实贯彻执行清洁、润滑、调整、坚固、防腐作业，保证车辆安全运行。

（9）发动机启动前，应按照例行保养的规定项目做好各项检视工作。

（10）车辆启动时要放松手制动器，变速杆应放在空挡位置，有动力输出装置的车辆应将助力器操作杆回位，自卸车的车厢升降开关应处于停止位置。

（11）带有液压助力转向装置的汽车，在液压油泵缺油的情况下，严禁启动发动机。

（12）冬季气温低，严禁使用火焰烘烤燃油管道及油箱；汽油发动机采用热水、蒸汽预热，然后使用手摇柄摇发动机 20 转以上，感到轻松，无卡滞现象时为止；作业完毕后及时排除储气筒油水，避免发生事故；柴油机除采用上述方法外，还可烘烤机油盘，然后启动。

（13）有预热装置的汽车，在启动时应充分利用预热塞；电源接通时间为 0.5～2min，当预热指示器呈现桃红色时立即停止；如温度较低，可连续预热 2～3 次，然后接通启动车辆，让发动机在不踩下加速踏板的情况下空转 3～5s。

（14）每次启动时间最长不得超过 10s；一次不成，再次启动时，间隔时间不得小于 20s；连续三次不能启动时，应查明原因，待故障排除后，方可再行启动。

（15）在低温冷车启动或蓄电池电力不足时，使用手柄启动，不可勉强使用启动机；使用手摇柄应将点火时间稍微推迟，摇车人两腿要叉开，站稳，身体略向左；握持摇柄五指应在同一面，用力由下向上快提；当感到压力增大时，则应迅速摇过上止点，不可由上行位表现下压或两手抱持摇柄摇车，以免发动机发生反转而被击伤。

（16）启动后应保持怠速运转 3～5min，然后将转速提高到 1000～1500r/min，使水温与机油温度逐渐上升到 50～60℃；发动机温度未上升前不准进入高速运转；也不可在低温时进行长时间的怠速运转。

（17）发动机启动后，按例行保养规定进行启动后的检视工作；待温度上升后，经低、中、高速运转，检查发动机有无异响，各仪表、警告信号或蜂鸣器的工作情况是否正常，有无漏油、漏水、漏气、漏电及焦臭气味；保修后第一次启动发动机时，应检查液力转向助力器的油位。

（18）在陡坡、冰雪、泥泞的滑道、交通情况复杂的路段，在没有可靠的制动条件的情况下，禁止采用拖、推溜坡及倒车等方法启动发电机。

（19）车辆起步前各部件必须合格，温度、气压表读数符合规定，全部警告信号解除。

（20）检查车旁及车下有无人、畜及障碍物等，关好车门、鸣喇叭后才允许起步。

（21）起步时应先挂挡，后松手制动器，并通过后视镜察看后方有无来车，再缓松离合器踏板，适当加油门，徐徐起步。

（22）上坡起步时一手紧握制动杆，并调节轻重情况；一只手把牢方向盘，对正方向；一只脚踩踏加速踏板，一只脚适当缓松离合器踏板；待离合器大部分接合，汽车开始前进时，进一步放松手制动器，并完全松开离合器踏板，适度踏下加速踏板，使汽车稳步前进；上坡起步时，须使用手制动器。

（23）直坡起步时，挂上变速挡位后，应缓松离合器踏板，稍踩加速踏板，同时放松手制动器。

（24）在冰雪或泥泞道上起步时，如驱动轮打滑空转，应采取铺设砂石或清除轮下冰雪、泥浆等杂物的方法，使车辆平稳起步；有差速锁止装置的车辆可采用锁止器，不允许猛踩加速踏板和猛抬离合器踏板使车辆遭受来回冲击的方法实现起步。

（25）起步时应根据地形和负载情况，选择合适的挡位，平稳起步。

（26）汽车起步后，应调节百叶窗或散热帘的开度；使发动机迅速升温，并保持水温稳定在 80～90℃的正常范围内。

4.1.2　行驶

（1）应根据车型、拖载、道路、气候、视线和当时的交通情况，在交通规则规定的范围内，确定适宜的行驶速度；在良好平坦的道路上，使用经济车速，严禁超速行驶；起步后温度未升到 70℃时，不允许挂入高速挡。

（2）后车与前车应保持适当的安全距离。在公路上行驶时，应不小于 30m；遇气候不良或道路不明时，应适当延长距离。

（3）行驶中不得将脚踩在离合器踏板上，并尽可能不使用紧急制动；行驶中应注意避让尖石、铁钉、棱角物、拱坑、碎石等杂物，并及时剔除嵌入轮间的石块。

（4）行驶过程中，应检查引擎底部是否有杂声，电气部分是否有其他臭味。

（5）同类车辆相遇时，转弯车辆让直线车辆先行，支线车辆让干线车辆先行，正常通行时执行交通规则。

（6）在施工现场运输石渣及混凝土等所有车辆驾驶室内，严禁携带小孩；车辆在山区或陡坡路段严禁熄火滑行。

（7）过桥时应减低速度，避免在桥上变速、超车或停车；对于发生洪水过后或不熟悉的桥梁地段，应首先下车观察现场实际情况，确认安全后方可通行；对载重车辆，更应十分小心，认真观察，科学判断。

（8）涉水前应观察水深和流速，观察电路电线设置的防水装置，拆去风扇皮带以免带水；通过时，应采用低挡缓慢通过；不应在中途停留或变速，涉水后应缓行一段路程，并间歇踩刹车，使刹车片上的水汽蒸发掉。

（9）重车下坡时，避免使用制动，应选择合适的挡位，辅以间歇制动，以控制车速；不允许紧急制动，或中途换挡。

（10）道路泥泞、积雪、结冰、陡坡、狭路、急弯阴暗、风雪、雨雾、黑夜、视线不清时，不允许行驶；在车辆有危险品及货物超高、超宽、超长等情况下，严禁滑行。

（11）禁止客货混装。货车载人栏板高度不得低于 1m，并备有篷杆及篷布，禁止在上坡道向下倒车或调头，防止翻车。

（12）雾天行驶应开小光灯或防雾灯，根据能见度情况掌握车速；能见度在 30m 内时，则时速不应超过 15km 并多鸣短号，严禁超车；能见度在 5m 以内时，应停止行驶。

（13）在冰雪路段行车，须安装防滑链条，减速行驶。

（14）通过无信号灯、无民警指挥及视线不清的交叉路口或转弯时，时速不得超过 30km。

（15）拖带故障车辆时，被拖带车辆的方向、制动须有效，否则不准拖带。

（16）装载危险物品时，除押运工作人员外不准搭乘其他闲杂人员，并严格按指定路线和时间行驶，车上应悬挂黄旗标志；行驶中避免紧急制动滑行，中途停车应选择远离其他车辆，远离其他容易引燃、引爆的危险地带；司机和押运工作人员不得远离，危险品未卸完之前，司机不得离开车辆，防止发生事故。

（17）使用挖掘机装料时，汽车在就位后应停稳刹车，驾驶室内应无搭乘人员停留，必要时司机离开，防止挖斗越过驾驶室顶部，发生意外；在向坑洼地区卸料时，汽车后轮与坑边应保持适当的安全距离，防止坍塌和翻车。

（18）驾驶的油罐汽车应有明显的防火标志，设置专门的灭火器材和接地金属链条，防止静电起火；油罐中途停车时，应远离火源；严禁雷雨天气时，车辆停留于大树和高大建筑物下面。

（19）自卸汽车卸料时，应检查上方有无架空线；卸料后车厢应及时复位，并使用锁定装置锁定；后挡板在卸料完毕后，应立即拴牢，防止行车时震颤脱落，产生事故；在横向坡度和路面上卸料时，防止车厢举升后重心偏移而翻车。

（20）检查、保养、修理自卸车倾卸装置，或向油缸加油时，在车厢举升后须使用安全撑杆将车厢顶稳，防止倾卸油缸突然失效，车厢骤然降落而发生事故。

（21）轮胎温度、气压上升时，应在庇荫处停车适当休息，不允许以放气降压和冷水浇泼方式降温；发动机冷却水沸腾时，不允许在高温情况下补充，应在怠速使温度下降后以细流缓慢注入；开启散热器盖时，应以手套裹手并将脸部避开加水口上方，防止水汽冲出，发生烫伤事故。

（22）使用酒精-水防冻液，严禁发生渗漏现象；沸腾时不允许打开散热器盖，不允许发动机熄火；应采用怠速运转，防止水箱内防冻液急剧升温形成汽化、喷溅而发生失火或烫伤。

（23）发生交通事故时，须立即停车保护现场；若因急救受伤者而须移动现场时，则应设置标记，立即报告当地公安、公路交通管理机关听候处理，严禁伪造事故现场或逃逸。

4.1.3　倒车与调头

（1）倒车应观察四周地形及道路，显示倒车信号，注意车辆转向，防止碰撞，时速不得超过 5km/h，缓行倒退，同时安排专人指挥。

（2）车辆静止时，严禁强力扭转方向盘；载客车辆禁止在上坡道上向下倒车或调头。

（3）严禁在坡道狭窄、交通繁忙处倒车或调头；禁止在桥梁、隧洞或公路与铁路交叉处、路口调头。

4.2　用电安全

4.2.1　基本规定

施工现场用电较为分散，主要有分支线、临时开关柜、电源箱等；临时用电经常移动，单相负荷较多，加之电焊线、照明线种类繁多，若管理使用不当，容易酿成人身触电或火灾等事故。用电安全基本规定如下：

（1）施工电源的敷设，应按已批准的施工组织设计设置；投入使用前，须具备完整的竣工图、布置图以及试验检验等竣工资料。

（2）现场每处施工电源投入使用前，应编制明确的运行、维护、使用、检修、试验等规章制度。

（3）施工架空线路时，应按照架空线路相关规范施工，杆间距离应根据地形确定，通常不大于60m；导线距地面距离一般应不小于6m；对有碰撞危险的杆塔，应在地面部分涂红色、白色标志。

（4）对负荷集中的地区，可采用开关柜集中控制；临时用电或负荷分散的地区，可采用开关箱配电，各支线均应配置相应的漏电保护器；各开关柜、箱应加锁，分支开关、保险应有编号，各负荷应标明用电名称及用途。

（5）电焊机集装箱应分地区布置，电焊线按要求集中敷设。

（6）高压配电箱（柜）、低压配电箱、电焊机集装箱的结构和尺寸等，应按规定制作；低压配电箱内应有380V、220V的接线端子或插座；不同电压须使用不同型号的插座，且标志清楚，电源内应装有漏电保护器，箱体外壳应配备可靠的接地或接零。

（7）现场用电外接负荷时，须从电源箱的出口引线；引线与接线端子安装牢固；使用插座电源时须采用插销，严禁使用挂线或采取其他方式插入插座内使用；严禁一个开关（刀闸）控制两个及以上负荷。电焊机二次接线应采用快速接头连接，接线板上各接线端子应统一编号，且应与电焊机的编号一致。

（8）使用临时照明时，照明线应相对固定，灯具悬挂高度应不低于2.5m，线路不得在地面上拖拉；临时用电应有一套严格的管理制度，并安排专人负责，明确使用期限，使用完毕后应立即全部拆除；行灯严格接用220V电源和配备相应的灯泡，行灯电压应保证安全电压，灯泡应有保护罩；手持电动工具及行灯的电源线，应采用橡胶绝缘电缆，但拖用软线应不超过10m，严禁使用塑料线、硬线和灯头线；电焊线不得有裸露，各拖地线路经过处不得与钢丝绳索交叉或金属的尖锐边角接触；电焊线与通车道口无法避开时，应采取遮、垫的措施；临时照明线路不允许直接绑挂在金属结构外部；在锅炉燃烧室内、凝汽器内设置临时固定式工作照明时，须安装漏电保护器，并认真落实已批准的安全技术措施。

（9）电气设备集装箱、低压配电箱的布置应经施工组织设计统一设定。

（10）使用标准规格的熔丝（片），对低压电动机可取额定电流的 1.5～2.5 倍，照明、电热器可取额定电流的 1.1 倍；禁止使用铜丝或其他金属代替熔丝（片）。

（11）电气设备的停电须有明显的断开点；作业时，必须办理作业票或工作票。

（12）施工现场的电气设备应由电气专业技术人员定期巡视，每日不得少于两次，发现问题及时处理。

4.2.2 电工安全用具

电工安全用具是防止操作触电、坠落、灼伤等事故，保证工作人员安全的各种专业电工工器具（见图 4.1），主要包括：起绝缘作用的绝缘安全用具，起验电或测量作用的携带式电压、电流指示器，防止坠落的登高作业用具，检修工作中的临时接地线、遮栏、指示牌，以及防止灼伤的护目眼镜等。从事电工工作时，应选择适宜的安全用具。

图 4.1 电工安全用具

电工安全用具有绝缘手套、绝缘鞋、绝缘垫、绝缘台、绝缘杆、绝缘夹钳、验电器、脚扣、登高板、安全带等，安全用具应妥善保管。为防止受潮、脏污和损坏，绝缘杆应置于支架上，不允许靠放在墙边或存放在地面上；绝缘靴应存放在箱柜内，不允许放置过冷、过热、阳光暴晒和有酸碱的地方，不得与其他硬、刺、脏物混放在一起，以免绝缘老化或绝缘损伤。

4.2.3 手持电动工具

4.2.3.1 分类

手持电动工具按触电保护分为Ⅰ类、Ⅱ类、Ⅲ类。

4.2.3.2 安全管理

手持电动工具安全管理包括以下内容：

（1）允许使用范围。

（2）正确的使用方法和操作程序。

（3）使用前应重点检查的项目和部位、使用过程中可能出现的危险以及相应的预防措施。

（4）工具的存放和保养方法。

（5）操作者的注意事项。

4.2.3.3 合理使用

（1）在工程施工现场，为保证使用安全，应选用Ⅱ类手持电动工具；如果使用Ⅰ类电动工具，须采用加装额定漏电动作电流不大于30mA、动作时间不大于0.1s的漏电保护器；否则使用者须佩戴绝缘手套，穿绝缘靴或站在绝缘垫上作业。

（2）在潮湿的场所或金属构架等导电性能良好的作业场所，须使用Ⅱ类或Ⅲ类电动工具。

（3）在狭窄场所（如锅炉、金属容器、管道内等）作业时，应使用Ⅲ类电动工具。如果使用Ⅱ类电动工具时，必须安装额定漏电动作电流不大于15mA、动作时间不大于0.1s的漏电保护器。Ⅲ类电动工具的安全隔离变压器、Ⅱ类电动工具漏电保护器及Ⅱ类、Ⅲ类电动工具的控制箱和电源连接器、隔离变压器或漏电保护器，应设置在施工现场以外，同时安排专人监护。

（4）在特殊环境（如湿热、雨雪以及有爆炸性或腐蚀性气体的场所）使用的电动工具，须具备相应防护等级的安全技术要求。

4.2.3.4 对软电缆或软线的安全要求

（1）Ⅰ类电动工具的电源线须采用三芯（单相工具）或四芯

（三相工具）多股铜芯橡胶护套软电缆或护套软线；其中，绿/黄双色线在任何情况下，只能做保护接地或接零线。

（2）电动工具的软电缆或软线，不得任意接长或拆换。

4.2.3.5　对插头、插座的要求

（1）电动工具的插座、插头应满足相应的国家标准要求；带有接地插脚的插头、插座在插合时应符合规定的接触顺序，防止误插入。

（2）电动工具的软电缆或软线上的插头不得任意拆除和调换。

（3）三级插座的接地插孔应单独使用导线接至接地线（采用保护接地的）或单独使用导线接至零线（采用保护接零的），但不得在插座内用导线直接将接零线与接地线连接起来。

4.2.3.6　使用场所的保护接地电阻

使用场所的保护接地电阻值不得大于 4Ω。

4.2.3.7　检查和维护

（1）电动工具的发出或收回时，应由保管人员进行日常检查。

（2）电动工具由专职工作人员按以下规定进行定期检查：

1）每季度至少检查一次。

2）在湿热和温差变化大的地区，还应缩短检查周期。

3）在雷雨季节前，应及时进行检查。

4）定期测量电动工具的绝缘电阻。

（3）电动工具日常检查至少应包括以下项目：

1）外壳、手柄有无裂缝和破损。

2）保护接地或接零线连接是否正确、牢固可靠。

3）软电缆或软线是否完好无损。

4）插头是否完好。

5）开关动作是否正常、灵活，有无缺陷、破裂。

6）电气保护装置是否良好。

7）机械保护装置是否完好。

8）电动工具转动部分，是否转动灵活、无障碍。

4.2.3.8　其他要求

（1）长期搁置未使用的电动工具，在使用前须测量绝缘；绝缘

电阻值不符合要求时，应进行干燥处理和维护，符合要求后方可使用。

（2）电动工具当出现绝缘损坏、软电缆或软线护套破裂、保护接地或接零线脱落、插头插座裂开或存在安全的机械损伤等故障时，应立即进行检修；故障未消除前，不得继续使用。

（3）非专职工作人员，不得擅自拆卸和修理电动工具；专职工作人员在维护时，电动工具内的绝缘衬垫、套管等不得任意拆除、调换和漏装。

（4）电动工具不能修复时，须办理报废销账手续。

4.2.4 电焊机

电焊机分为交流（漏磁式、电抗式、复合式、动圈式）电焊机、旋转式直流电焊机和硅整流式直流电焊机。在工程施工现场，电焊机用量较大，为确保作业人员人身安全，应注意以下几个方面。

（1）焊接电源的控制装置须独立，容量符合焊接电源要求；熔断器或自动断电装置应安全可靠；控制装置应规定切断设备的最大额定电流，以确保安全。

（2）焊机的所有外露带电部分须安装隔离保护装置；焊接的接线柱、极板和接线端应有防护罩；插销孔接头的焊机和插销孔的接线端等应使用绝缘板隔离，并安装在绝缘板平面内。

（3）焊机的线圈和线路带电部分对外壳和对地之间，焊机的一次、二次线圈之间，相与相及线与线之间，均要求具备良好的绝缘；绝缘值不得低于 $1M\Omega$，热态绝缘值不得低于 $0.4M\Omega$。

（4）电焊机裸露的导电部位和转动部分须安装防护罩；直流电焊机的调节器摘下后，须在机壳的孔洞上装设防护罩。

（5）电焊机的二次线长度根据具体情况确定，一般电缆长度 $20\sim$ $30m$。二次线应采用整体独立电缆，中间不宜有接头；若使用短线接长时，接头不应超过两处。接头处应采用铜导体连接，要求坚韧牢固，绝缘良好；电焊机线应具备良好的导电性能和绝缘外层，采用多股紫铜芯外包橡胶绝缘套制成，且轻便柔软，能较好地弯曲和扭转，并有较好的抗机械损伤能力，同时耐油、耐热和防腐蚀等性能良好。

（6）严禁使用金属结构、电缆管、管道、电缆金属外皮、吊车轨道等当作电焊地线；电焊导线不得接近热源，并严禁接触钢丝绳或转动机械。

（7）电焊工作台应很好地接地；在狭小或潮湿地点施焊时，应垫以木板或采取其他有效防止触电的措施，并设立监护人员；更换焊条时，应佩戴绝缘手套。

（8）改变焊机接头、更换焊件时，需要改变二次回路；更换熔断器、转移工作地点时需移动焊机；大距离移动二次线、工作完成、临时离开工作现场、焊机检修时，须切断电焊机一次电源，并挂有"不可合闸，有人工作"的标志牌。

4.3　地下开挖作业安全

4.3.1　影响地下洞室安全的主要工程地质因素

岩体是指一定工程范围内的自然地质体，由结构面和结构体组成；结构面包括岩体中原生或次生的地质界面，如层理、节理、断层等。

1. 结构类型及特征

（1）若工程地质岩性为沉积结构面、构造结构面及次生结构面时，注意事项及采取的措施如下。

1）沉积结构面应注意沿结构面滑动，尤其是原生软弱夹层及不整合面易引起岩体失稳。

2）构造结构面对岩体稳定性影响较大，多因构造结构面的组合造成边坡和围岩失稳。

3）次生结构面由于泥质物的充填以及极薄泥膜的存在，构成了极其不利的工程地质条件。

4）工程施工前，须编制详细可行的施工组织设计，做好技术交底，熟悉地质情况；施工过程中应密切观察，同时采取及时有效的防护措施。

（2）结构体尺寸对围岩稳定的影响如下。

1）随着节理发育，结构体减小，岩体强度迅速降低。

2）结构体尺寸越大，围岩的稳定性越好；但结构体尺寸和洞室开挖尺寸是一个相对关系，随着洞室开挖尺寸的加大，岩体稳定性受到破坏的可能性也相应增大；水利隧洞工程开挖断面直径为9.6m时，岩体的稳定性就比较差。

2．地质构造

地质构造一般是指岩层的成层结构、产状、褶曲、断裂构造等；地下洞室的稳定不仅与岩石、岩体的性质有关，还与地质构造各因素紧密关联。

3．地下水

地下水是影响围岩稳定和洞室施工安全的重要因素，因此，地下洞室施工时，应掌握和了解工程施工地区地下水类型、含水层和隔水层的分布、水位、水质、水温、涌水量、补给来源、排泄方式、动态规律及其影响等情况。

4.3.2　隧洞洞口施工安全作业

（1）做好良好的排水措施。

（2）做好洞脸清理工作，及时锁口；顺洞脸边坡外侧应设置渣墙或积石槽，在洞口设置钢或木构架防护棚，防护棚沿顺洞轴方向伸出洞口以上边坡和两侧岩壁不得小于5m。

（3）洞口以上边坡和两侧岩壁，依据边坡实际情况采取防护措施。

4.3.3　洞内施工安全作业

（1）在松散、软弱、破碎、多水等不良地质条件下进行施工时，对洞顶、洞壁应采取锚喷、钢木架或混凝土衬砌等围岩支护措施。

（2）采取机械通风措施时，送风能力必须满足施工人员正常呼吸需要［$3m^3/($人·$min)$］，并能满足冲淡、排除爆炸施工产生的烟尘要求。

（3）凿岩钻孔须采用湿式作业。

（4）爆破后，采取降尘喷雾洒水措施。

（5）洞内地面保持平整，不积水；洞壁下边缘设排水沟。

（6）进入地下洞室作业时，须佩戴安全帽。

4.3.4　斜洞施工安全作业

（1）斜洞口应设立防护栏，防止物体落入，避免发生安全事故。

（2）施工作业面与洞口，应有可靠的通信装置和信号装置。

（3）洞内，应设置良好的通风、排烟设施。

（4）设置洞深指示器，防止提升机过卷、过速；并设置过电流和失电压等的保险装置及制动系统。

（5）在斜洞段两侧设置临时扶手栏杆。

（6）轨道下方设置防止滑动装置。

（7）施工用风、水、电管线应沿斜洞壁固定牢固。

（8）开挖过程中，做好喷锚支护。

（9）在施工现场，须佩戴防护用具及安全设施。

（10）开挖施工时，严格按照相关规程、规范进行爆破作业。

4.3.5　塌方预防及处理措施

在地下工程开挖过程中，顶拱、边墙塌落乃至冒顶统称为塌方。在地下工程施工时，须采取切实有效的预防措施避免塌方发生；发生塌方时，应及时采取安全可靠的方法迅速处理。

4.3.5.1　塌方预防

防止塌方是保证安全施工和快速掘进的关键。因此，设计、地质和施工人员必须从思想上引起足够重视，施工前做好工程地质和水文地质勘测工作；施工过程中，随时观察和监测地质有无异常，仔细研究岩体和地下水变化规律，采集相关数据，修正原设计的方案，避免地下工程造成较大塌方。

1. 塌方发生前的预兆

塌方前的预兆主要表现在以下几个方面：

（1）岩石风化和破碎程度加剧，有黏土、岩屑等断层充填物出现。

（2）当岩石节理密集且方向趋于一致时，前方可能存在与节理走向大致相同的断层。

（3）岩石强度降低，钻进速度增大，但起钻困难甚至出现卡钻现象。

（4）爆破后岩石多沿风化面破裂，岩块相对减小，部分石块表面附有黄色或褐色含水氧化铁等物质。

（5）风钻供水沿节理、裂隙渗漏，水的反溢量相对减少并逐渐浑浊。

（6）施工过程中干燥的岩体突然出现地下水流，或地下水活动规律变化异常，渗水量突然增大，或产生渗流的位置发生突变。

（7）沿裂隙面的岩块相继脱落，且其岩块和频率逐渐增加。

（8）支护结构发生变形，出现扭断、弯曲，有时伴有响声。

2. 预防塌方的基本方法

（1）勤观察。在施工过程中，随时观察和测量工程地质和水文地质变化情况，研究变异规律，及时制定施工对策；在构造复杂、地下水丰富和地下建筑物的关键部位（进出口、闸门井、渐变段），应重点观察、观测、监测和分析。

（2）短开挖。在不良地质段开挖洞室，应严格控制进尺；采用控制爆破，避免围岩过分扰动，或减少因爆破造成的局部应力集中现象。在通过断层破碎带时，采用人工锹、镐、刨开挖，少放炮；在必须放炮时，应多打孔、少药量、放小炮，使整个掘进过程不因爆破震动而引起断层破碎带塌方，保证断面完整，及时开展喷锚支护工作。

（3）强支护。强支护是预防塌方的主要措施。一般来说，塌方不是在开挖之后立即发生的，而是经过一定时间，经受多次爆破震动且未及时开展支护，围岩在暴露时间内逐渐失去平衡而形成；若在爆破后及时予以支护，即可有效地限制围岩变形的自由发展，也能够防止岩体因松动、脱位而坠落造成塌方。因此，及时支护是消除塌方的重要手段。

4.3.5.2 塌方处理

1. 处理原则

在地下工程开挖中，由于地质情况错综复杂，即便采取了必要的措施，塌方事故往往难以避免；在发生塌方以后，安全迅速地进行塌方处理是地下工程施工中的关键环节。

（1）深入现场观察研究，分析塌方原因，弄清塌方规模、类型及发展规律，核对塌方段的地质构造和地下水活动状况，及时制订切实可行的塌方处理方案。

（2）在未制订塌方处理方案前，切忌盲目抢先清除塌方体，否则将导致更大的塌方。

（3）对于较小的塌方，在塌顶临时稳定之后，立即加固塌体四周围岩，及时支护结构物，托住顶部，防止塌穴继续扩大；对于较大的塌方或冒顶事故，应及时处理地表陷坑，阻止塌方体继续扩大。

（4）地下水富水洞段的塌方，宜先治水再治塌方。

（5）制订塌方处理方案，采取安全措施，加强安全教育，提高安全意识。在塌方处理过程中，存在麻痹大意、盲目施工时，可能发生伤亡事故，进而致使塌方事态恶化。

（6）组织塌方处理专业人员，安排有经验的专职干部现场指导施工。

（7）确保处理塌方必要器材和设备的储备与供应，避免在处理过程中，中断处理塌方工作。

2. 塌方处理施工安全

在塌方处理前，须根据实际情况制定切实可行的安全措施和必要的安全制度、处理方案；在塌方处理过程中，应认真贯彻执行相关措施和方案。

3．安全措施

（1）保证塌方处理工作面照明良好，道路畅通，场地无积水、少噪声。

（2）动力电源、照明和起爆线路，不得悬挂于坍塌体缝隙中或危石下面，以免塌方砸断线路造成事故。

（3）撬挖清理危石时，无关人员应撤离工作现场，作业人员应设置安全保护措施，使用撬棍开展排险作业。

（4）发现险情预兆时，现场施工人员及设备应立即撤离现场。

（5）支护排架须背实塞牢；不能拆除的支架应采用钢结构或其他永久性结构，其背塞可使用具有一定刚度的钢筋笼、混凝土预制块或片石等填塞。

（6）在处理过程中，如发现个别岩块可能坠落，且暂时又不能处理时，需要采用临时支柱固定、支撑。

（7）支护拆除时，断绝工作面的交通，划定警戒范围，保证工作人员及设备安全撤离。

（8）拆除支护时，首先应将两头连接处隔离断开，防止在拆除时引起临近未拆除部分倒塌；拆除的支护材料应随时运到指定地点堆存，不得任意堆放于工作面。

（9）塌方开挖过程中，随时检查支护情况，以保证良好的受力状态；发现支撑破损、弯曲、倒塌时，应及时修复加固。

（10）处理冒顶事故时，首先应支护塌穴两端，防止塌方继续扩大，并详细调查研究，确定坍塌范围和处理方法；切忌在未认真调查研究和制订处理方案前，盲目出渣。

（11）独头掘进的塌方处理，应边掘进边埋设直径不小于50cm的钢管，以备在发生突然事故时，作为施工人员的安全退路。

（12）避免在雨季处理塌方，否则应考虑地下水对塌方体的影响。

4．安全制度

（1）应组织由设计、地质、施工技术人员和作业技术人员参加的塌方处理专门队伍，其成员要求精明强干并具有一定的施工经验；施工前，应熟悉各项安全规程，做好技术交底。

（2）在处理过程中，应建立交接班制度，技术人员和作业人员均应共同参与交接班；交接班时，检查顶板、支撑、塌渣、洞壁、通风、照明、机械设备及安全措施是否落实等情况。

（3）建立健全各项制度。无论技术人员或现场作业人员，均应制定各自的岗位责任制，并建立定期检查制度。针对可能发生的事故，建立事故分析制度。及时观测收集基础资料，建立成果分析制度。

5. 安全监视

（1）出口、入口警戒范围或危险地带，须设置特殊的醒目标志。

（2）设置专职安全员，检查监视工作面及施工人员的安全。

（3）发现地质及水文地质条件有明显变化时，地质、设计、施工人员应及时研究，提出技术措施设计，经批准后及时处理。

（4）拆除支护，需经主要负责人批准；更换支撑，应在施工技术人员和专职安全员的指导下进行。

（5）监护人员应随时掌握工作面安置的监视仪器工作状态，发现异常及时报告，以便采取必要对策。

（6）未经批准，一切安全设施不得任意拆除。

（7）处理塌方过程中，不允许爆破作业；如必须采用爆破手段时，应编制专项控制爆破设计方案；该方案通过报批后，才允许进行爆破作业。塌方处理过程中，严禁盲目进行爆破作业。

4.4　高边坡开挖作业安全

高边坡开挖作业是指在 50～100m 高度区域作业。高边坡作业的主要危害是坍塌、滑坡、物体打击、高处坠落和机械引起的伤害等。

4.4.1　开挖措施及要求

开挖前，应对岩体边坡进行稳定性分析；在岩坡稳定分析的基础上，判明影响边坡稳定的主导因素，对边坡变形破坏形式和原因作出正确判断，并且制定切实可行的开挖措施，以免引起安全事故，对工程施工产生影响，造成环境恶化，致使边坡失稳。

（1）对于不稳定型边坡开挖，首先进行稳定处理，然后做好开挖准备；开挖前采取必要措施，如喷锚支护等，必要时边支护边开挖。

避免雨季施工，并要求短时间之内一次处理完成；否则，雨季施工应采用临时封闭措施。

（2）按照"先坡面、后坡脚"自上而下的开挖程序，并限制坡比；边坡高度应符合要求，并设置马道。

（3）控制爆破规模，不因爆破震动附加荷载致使边坡失稳；为避免造成过多的爆破裂隙，开挖接近设计要求的边坡时，应采用光面、预裂爆破，必要时改用小药量、风镐或人工撬挖。

（4）做好指挥、协调、监护工作。

（5）作业区周围和边缘设置警告标志；夜间施工时，应设立红灯示警，并有足够的照明。

（6）雨季前，应对原有施工采用的排水系统进行检查、疏通和加固，必要时增加排水措施，以保证水流畅通。

4.4.2　高边坡开挖的稳定监测

（1）大体积整体岩体的滑动情况监测。

（2）局部岩体或单独结构的节理裂隙、张性裂隙等观测、监测。

（3）岩坡表面和深层的滑动情况监测。

（4）根据边坡稳定情况，及时分析观测数据并提出处理方案。

4.4.3　机械施工时引起的伤害

（1）机械距岩体边缘过近、边缘负荷过大而坍塌，致使机械倾翻发生事故。

（2）设备失灵而造成机械失控、撞人或倾翻。

（3）机械与施工人员同时作业，由于指挥、协调、监护不力，发生车辆和人员伤害。

（4）防止边坡塌方事故的发生，随时观测边坡的稳定性。

（5）施工过程中，飞石伤害等。

4.4.4　高边坡开挖的安全防护措施

（1）开挖应从上到下，分层作业，严禁开挖坡脚。

（2）随时观察边坡的稳定性，发现失稳现象时，立即采取有效措施。

（3）作业时，安排专人协调，统一指挥。

（4）避免上下共同作业，防止物体坠落，预防意外打击。

（5）机械作业距边坡边缘应有足够的安全距离，防止边坡失稳造成机械滑落。

（6）严格按照爆破方案施工，预防爆破伤害事故的发生。

（7）严格按照规定控制装药量，防止过爆现象发生，影响边坡稳定。

（8）爆破作业时，必须设置警戒线和警戒区，防止伤害事故发生。

4.5　灌浆作业安全

4.5.1　基本要求

（1）钻机的摆放应稳固牢固。

（2）交叉作业场所各通道应保持畅通，危险出入口应设立警告标志或安装型钢防护设施。

（3）斜洞施工时，应设置完整、牢固、安全系数不低于 1.3 的工作平台，且转角周边应有 0.5～1.0m 的安全距离，临空面设立型钢或混合防护栏杆，斜坡与平台间应设立通道或扶梯。

（4）现场通风、照明良好，水源充足。

（5）工作前，应穿戴防护用具，佩戴安全帽。

（6）严格遵守劳动纪律，不允许擅自离开工作岗位；工作过程中，不允许说笑打闹，不允许从事与工作无关的事宜；上班前，严禁喝酒。

（7）未经项目负责人许可，不得将自己的工作交予他人，更不得随意操作别的机械设备。

（8）不允许倚靠机器的拉杆、防护罩等。

（9）禁止机械在运转时进行加油、擦拭或修理工作。

（10）工作服应穿戴整齐，扎紧袖口、裤脚；严禁赤脚、赤膊、穿拖鞋等进入施工现场。

（11）操作钻机工作时，钻机平台的卷扬机应按卷扬机操作规程进行作业。

（12）钻机开钻前，应检查钻机的运转系统及各部件的性能，确认正常后方可开钻。

（13）钻探使用的水管、灌浆管的质量应符合施工要求；连接管应连接牢固，以防脱落发生伤亡事故。

（14）钻机开钻或灌浆前，应认真检查水管和灌浆管，发现磨损和破裂时及时更换。

（15）钻机的三脚架或四脚架应稳固牢固。

（16）回转式油压钻机操作人员，须由正式钻探工担任；操作人员不得违章作业。

（17）操作人员必须随时掌握孔内情况，预防返水情况的发生；在钻机运转过程中，采取有效措施，防止烧钻或卡钻现象的发生。

处理烧钻或卡钻时，需要了解孔内情况，慎重处理，制定切实可行的处理措施，不得蛮干，避免发生伤亡事故。

（18）廊道内风、水、电管路及电缆线的布置，应紧靠洞壁一侧固定。

（19）施工过程中产生的废水、废浆，应排放至指定的地点，防止环境污染。

4.5.2 手风钻安全作业

（1）操作人员必须了解凿岩机的构造、性能，并熟悉操作规定和保养方法，否则不允许单独操作。

（2）施工时，压缩空气的气压应符合凿岩机的要求。

（3）凿岩工作时必须使用捕尘器或采取湿式作业，严禁在粉尘量超出国家标准的情况下进行手风钻作业。

（4）开钻前，应检查凿岩机各部件是否松动，同时准备好所用的工具和足够的机油。

（5）应选择长、短钢钎，检查是否有弯曲现象；钎尾长度为 11～12cm，中心孔应正中、无堵塞，否则不允许使用。

（6）风管与风钻连接时，先将管内脏物吹净，然后再进行连接。

（7）供风胶管不应缠绕打结；胶管折叠时停止供风。

（8）风管接头须连接牢固，并随时检查，防止脱落发生事故。

（9）钻孔开孔时，风门应偏小，持钎操作人员的眼睛不得正视孔口，避免岩粉伤眼。

（10）开钻时，操作人员两脚应前后侧身站稳，防止断钎发生事故。

（11）钻孔时，扶手不允许离开钻机风门，禁止采用骑马式作业，以防断钎出现事故。

（12）钻水平孔时，严禁使用胸部顶托风钻；在钻孔的前面不允许人员站立。

（13）在钻孔深度超出 1.2m 以上时，应配备长、短钎配套作业；不准采用一根长钎、一次钻孔、一次达到设计深度的钻孔方法。

（14）更换钢钎时，应关闭风水阀门，严禁钻机转动。

（15）风水管经过通道时，挖小沟将风水管设置在沟槽中并设置盖板，防止压坏风水管。

（16）钻机停止工作时，先将风水阀关闭，然后再卸风水管。

（17）气动支架须支撑牢固，工作时不得滑动，或左右晃动。

（18）停钻、撤钻或向前移动气腿时，先关风门，间隔时间不允许过长，避免卡钻；拔钎时，观察左右、后边的施工人员情况，以免发生安全事故。

4.6　模板、脚手架作业安全

4.6.1　模板施工安全

1. 一般要求

（1）模板施工前的安全技术准备工作：模板施工前现场负责人，认真审查施工组织设计中有关模板的设计资料，主要审查以下项目：

1）模板结构设计计算书的荷载取值是否符合工程实际，计算方法是否正确，审核手续是否齐全。

2）模板设计图（包括结构构件及支撑体系、连接件等）的设计是否安全合理，图纸是否齐全。

3）模板设计中，安全措施是否齐全。

（2）模板运至施工现场后，应认真检查构件和材料是否符合设计要求。例如：钢模板构件是否有严重锈蚀或变形；结构焊缝或螺栓是否符合要求；木料的材质以及木构件拼接节头是否牢固等。现场自己加工的模板构件，特别是承重钢构件，检查验收手续必须齐全，现场安全防护设施应齐全；在平面的支模，必须平整夯实。模板夜间施工时应做好照明准备工作；电动工具的电源线绝缘、漏电保护装置应齐全。做好模板垂直运输的安全施工准备工作。

（3）在模板施工前，现场施工负责人必须向相关人员进行安全技术交底。新的模板工艺、新型组合模板必须通过试验检验，操作人员经过专门的培训后才允许上岗操作。

2. 保证模板工程施工安全的基本要求

模板工程作业高度在 2m 及以上时，应根据高处作业安全技术规范的要求，进行操作和防护。使用安全可靠的操作架子，在 4m 以上或 2 层及以上操作时，周围应设立安全网、防护栏杆；在交通繁忙的地区，施工区应设立警示牌，避免伤及行人。操作人员上下通行，须通过马道、乘坐载人施工电梯或人手扶梯通行；不允许攀登模板，或脚踩脚手架通行；不允许在墙顶、独立梁及其他狭窄而又无防护栏的模板上行走。在高处作业架子上、平台上，不宜堆放模板料；因施工原因而短时间堆放时，应平稳整齐堆放，不允许堆放过高，必要时控制在架子或平台的允许荷载范围内。高处支模人员使用的工具在暂时停止使用时，应存放在工具袋内，不得随意将工具、模板零配件存放于脚手架上，以免坠落发生事故。

雨季施工时，直立结构的模板作业应安装避雷设施，其接地电阻不得大于 4Ω。

冬季施工时，对操作地点和行人通道的冰雪，应先清除干净，避免施工人员滑倒摔伤。5 级以上大风天气时，不宜进行大模板拼装和吊装作业。

模板支撑不应固定在脚手架上，避免发生倒塌或模板位移。

3. 模板拆除的基本要求

（1）模板拆除时，应严格遵守拆模作业的规定。

（2）高处、复杂结构模板的拆除，应安排专人指挥和制定切实可行的安全措施，并在模板下部标志工作区，严禁非操作人员进入作业区。

（3）工作前，预先检查所使用的工具是否齐全；扳手等工具须使用绳链系挂在身上；工作时思想应集中，防止钉子扎脚或从空中滑落。

（4）遇 6 级以上大风时，应暂时停止室外高空作业；遇到雨、雪、霜时，应首先清扫施工现场，采取防滑措施，之后才允许进行工作。

（5）拆除模板时，多采用长撬杠拆除；拆除过程中，严禁操作人员站在模板上作业。

（6）已拆除的模板、拉杆、支撑等，应及时运出或妥善堆放；

严防操作人员因扶空、踏空而坠落，发生伤亡事故。

（7）在混凝土墙体、平板上设置预留孔洞时，应在模板拆除后，及时在墙洞上做好安全护栏，或将孔洞覆盖。

（8）拆模间隙，应将已活动的模板、拉杆、支撑等固定牢固，严防突然掉落、倒塌，发生人员伤亡事故。

4.6.2 脚手架作业安全

脚手架是在水利工程隧洞混凝土施工中有特别重要地位的临时设施，其作业的安全应引起高度重视。

1. 脚手架的使用要求

（1）脚手架应有适当的宽度（或面积）、步架高度、距离建筑物一定的距离等，以满足作业人员操作、物料堆置和运输的需求。

（2）脚手架应具备稳定的结构和足够的承载力，确保在施工期间出现一定荷载（规定限值）的作用时，不变形、不倾斜、不摇晃，并在较大的冲击力下不倾覆。

（3）脚手架的搭设应与垂直运输设施（电梯、井安架、龙门架等）和楼层、作业面高度相互适应，以确保物料垂直运输转入水平运输的需要，并根据现场需要设置施工操作人员的上下通道。

2. 安全使用脚手架应注意的环节

确保使用安全是脚手架的首要任务及关键点，通常应考虑以下几个环节。

（1）把好材料关、用具和产品的质量关；加强对架设工具的管理和维护保养工作，避免使用质量不合格的架设工具和材料。

1）架设工具材料的规格和质量，须符合有关技术规定的要求，尤其是自行加工制作的架设工具须符合设计要求，并经有关部门和专业人员试验合格后才允许使用。

2）加强对架设工具的统一管理，严格执行发放和出入库制度；避免在搭拆、运输和贮存过程中产生损坏；对拆卸下来的脚手架材料应及时进行维修保养，剔除不合格品（不能保证安全使用的材料）。

（2）确保脚手架具有一定的稳定性和足够的坚固性；普通脚手架的构造应符合有关规程规定；特殊工程脚手架，如重荷载（同时作业超过两层等）脚手架、施工荷载显著偏于一侧的脚手架和高度超过 15m 的脚手架，必须进行设计和计算，确保安全。

（3）认真处理脚手架地基，确保地基具有足够的承载力（高层和重荷载脚手架应进行架子基础设计），避免脚手架发生局部悬空或沉降；脚手架应设置足够多的牢固边墙点，依靠建筑结构的整体刚度，保证整片脚手架的稳定性。

（4）保证脚手架搭设质量。

1）架子地基应平整；钢管脚手架的立杆底部，采用柱座或垫木。木质或竹质脚手架的立杆，应埋入地下 30~50cm，挖好土坑后，将坑底夯实，在立杆底部，增加枕木、平整的石块或预制件等；脚手架安装时应设置扫地杆。不得在未经处理的起伏不平或软硬不一的地面上搭设脚手架。

2）严格按照设计规定的构造尺寸进行搭设。控制好立杆的垂直偏差和横杆的水平偏差，并确保节点连接符合要求（绑好、拧紧或插挂好）。

3）脚手架应铺满、铺平和铺稳，不得出现探头板。

4）搭设过程中，应及时设置连墙杆、斜撑杆、剪刀撑以及必要的缆绳和吊索，避免脚手架在搭设过程中发生偏斜和倾覆。

5）在墙面、屋面或其他构筑物上搭设脚手架时，均应验算其结构的承受强度。经检验验算，强度未能满足要求时应采取必要的措施。

6）脚手架搭设完成后应进行检查，验收合格后才能使用，并做好记录和签字。高空脚手架在使用前应进行严格检查，并对脚手架实行挂牌制度，标注脚手架的搭设和验收时间，标明该脚手架的技术性能及搭设负责人、单位的具体情况。

（5）严格控制使用荷载，确保已预留较大的安全储备。

1）使用荷载以脚手板上实际作用的荷载为准；简易搭设的脚手架及采用多立杆式脚手架，其使用的均布荷载不得超过 2648N/m²。在脚手板上堆砖，只允许单行侧摆 3 层。对于桥式和吊、挂、挑等脚手架的控制荷载，则应适当降低，或通过试验和计算确定。

2）脚手架的搭设与水工建筑结构施工要求存在一定的时间差，且使用荷载的变动性也较大，因此，需要留有适当的安全储备，一般安全系数为 3。

（6）具备可靠的安全防护措施。

1）作业层的外侧或交通要塞处，应设立挡板、围栅或安全网。

2）作业人员上下使用（包括携带工具及少量物料时）的安全扶梯、爬梯或斜道应具备可靠的防滑措施；严禁作业人员在脚手架上攀登，或手握物件上下通行。

3）在脚手架上同时进行多层作业时，各作业层之间应设置可靠的防护栅栏，以防止上层坠物伤及下层作业人员。

4）吊、挂式脚手架使用的排架、桥架、吊架、吊箍、钢丝绳和其他绳索等，使用前应做荷载试验，应满足规定的安全系数；升降设备还需要安装可靠的制动装置。

5）脚手架上应安装良好的防电、避雷装置；型钢垂直运输架应设置可靠接地；雷雨季节高于四周建筑物的脚手架及垂直运输架应设立避雷装置。

（7）严禁违章作业。严格禁止下列违章作业行为：

1）利用脚手架吊运重物。

2）作业人员在架子上下相互抛递工具和物件等。

3）推手推车，在架子上跳动。

4）在脚手架上拉结吊装绳索。

5）任意拆除脚手架部件和连墙杆件。

6）在脚手架底部或附近进行开挖沟槽；在影响脚手架地基稳定的区域施工。

7）起吊构件碰撞或扯动脚手架。

8）使用竹质材料和承插式钢管，设单排脚手架。

9）破坏正在使用的脚手架连墙点。

10）非架子工搭设脚手架。

（8）6 级以上大风、大雾、暴雨和暴雪天气，应暂停脚手架上作业；雨雪后上架操作应设置防滑措施。

（9）加强使用过程中的检查，发现立杆沉陷或悬空、连接松动、架子歪斜、杆件变形、脚手架上结冰等现象时，应立即处理；在上述问题未处理之前严禁使用。

（10）其他脚手架搭设时，应根据规定严格过程控制。禁止钢木混搭和钢竹混搭；冬闲或其他原因致使脚手架较长时间不用又不能拆除的脚手架，在重新使用之前必须经有关部门和人员检查，验收合格后方可恢复使用。

3. 脚手架拆除的安全要求

（1）拆除脚手架的方法和顺序，应按照规程规定或经审定后的拆除施工方案进行；拆除大型的脚手架及高处危险性较大的独立脚手架时，应由负责该工程的技术人员会同班组长填写安全作业票，编制详细的安全措施方案及作业指导书，经有关部门审查批准，并进行现场安全交底后，方可进行。

（2）拆除大面积的脚手架，应事先做好以下工作：

1）在拆除区周围设置防护栏杆，划定危险区域，通道口悬挂警示牌，必要时安排专人在通道口坚守。

2）首先切断敷设在需拆脚手架上的临时电源和水汽管（电源线由电工拆，水汽管由水暖工拆）。

3）除派地面监护人员外，高处脚手架的拆除也应安排监护人员来监督拆除工作。当拆除某一部分时，另一部分或其他的结构部分不产生倾倒；发现异常立即处理。

4）拆除脚手架时，严禁上下同时作业。拆除步骤应按照先拆上后拆下（即先绑后拆，后绑先拆）的原则；通常先拆护身拉杆，后拆剪刀撑上各部分扣件，然后拆平台、斜道、小横杆、大横杆及立杆和底座。

5）拆除脚手架时，不得采用将整片脚手架推倒的方法；拆下来的材料应随时运送到集中处堆放，并及时清理铁丝和金属扣件。

6）在高压线附近拆除脚手架时，应先联系停电或采取有效的防护措施，并严格执行安全规程的规定。

7）在拆除大横杆、剪刀撑时，应先拆中间扣，再拆两边扣；拆除长杆时，要求两人互相配合，整体向下放料。

8）拆除脚手架的作业人员，须佩戴安全帽，扣好安全带，穿好防滑鞋；在夜间拆除脚手架时，应配备足够的照明设备和采取有效的安全措施，否则不得在夜间进行拆除作业。

9）拆下的材料必须使用绳索拴牢，杆件采用人工或滑轮运至下方；使用工具桶（加盖），将扣件送至下方；在脚手架拆除过程中，严禁随意抛掷任何物件，预防发生事故。

4.7　混凝土浇筑作业安全

混凝土施工主要包括混凝土的拌制、运输、浇筑、振捣和养护等几道工序，各施工流程中的安全技术操作要求如下。

4.7.1　混凝土的拌制

混凝土拌制多采用拌和站或拌和楼进行，当混凝土量较少时，也可以人工拌和。

（1）拌和站或拌和楼须安装在坚实的地方，使用支架或支脚简架稳，不允许以轮胎代替支撑。

（2）拌和站或拌和楼在运行前应检查离合器、制动器、齿轮、钢丝绳、仪器、仪表、控制台等是否良好，滚筒内不得有异物。

（3）上料斗升起时，严禁人员在料斗下面通过或停留；机械运转中，严禁将工具伸入拌和筒内；工作完毕后，上料斗使用挂钩挂牢。

（4）拌和站或拌和楼发生故障时，须停机检修，切断电源；人员进入滚筒内清理时，电源开关处和滚筒外须设立专人监护，严防发生意外。

4.7.2　混凝土运输

混凝土从拌和站或拌和楼卸出后，应及时运送至浇筑的地点，以防止混凝土产生离析，水泥浆流失，或发生初凝现象；运输混凝土应注意以下几点：

1. 混凝土罐车运送

（1）混凝土罐车运送混凝土的通道应合理布置，使浇筑地点形成回路，避免车辆拥挤阻塞，产生事故。

（2）运输通道应搭设平坦牢固，遇钢筋过密时可使用马凳支设，马凳间距通常不超过 2m。

（3）混凝土罐车向外卸料时，不得用力过猛；在料斗前方应设立牢固的木方，保证车辆安全。在脚手架和斜道上不允许推车跳动，罐车在卸料时应站稳保持身体平衡，同时通知下方人员躲避。

（4）混凝土罐车在脚手架上运送混凝土时，两车之间必须保持安全距离，并遵守右侧通行原则；混凝土装车容量不得超过车斗容量的 3/4。

2. 井架、龙门架运送混凝土

（1）混凝土罐车不得超出吊盘以外，车轮前后固定牢固，并做到稳起稳落。

（2）井架、龙门架上不允许站人升降。

（3）井架、龙门架应安排专人操作；操作人员不得随意离开，不得转让其他人员操作。

3. 塔吊运送混凝土罐车

（1）混凝土罐车须焊接牢固的吊环，吊点不得少于 4 个，且保持车身平衡。

（2）使用专用吊斗、吊罐时，吊环应牢固可靠；吊索千斤绳应符合有关起重机械安全规程的要求。

4. 小型翻斗车和自卸汽车运送混凝土

（1）道路平坦，卸车点须设立牢固的车挡，并安排专人指挥。

（2）驾驶员必须为专职人员，严禁其他人随意开车。

（3）装卸混凝土拌和料时，应集中精力，听从专人指挥，不得随意装卸。

4.7.3　混凝土浇筑

（1）浇筑混凝土使用的溜槽及串桶节间，必须连接牢固；人员操作部位应设立护身栏杆，不允许直接站立在溜槽面板上操作。

（2）浇筑混凝土使用输送泵必须连接牢固，操作人员前后通视，输送泵及进料口不允许站立非工作人员。

（3）浇筑高度超过3m的排架梁、柱混凝土时，应搭设操作平台，不得站在模板或支撑上操作。

（4）浇筑拱形结构时，应自两边拱脚对称同时进行。

（5）浇筑圈梁、伸出部位时，应设置有效的防护措施。

（6）浇筑料仓及各种漏斗形结构混凝土时，应首先将下口封闭，并铺设临时脚手架，以防施工人员坠落。

（7）移动混凝土振捣器时，应拴牢安全绳；为便于振捣器移动，不得将电源线当成安全绳使用；附着式振捣器应牢固可靠；操作人员应穿好绝缘靴，遵守安全操作。

4.7.4　混凝土养护

1. 洒水养护

（1）使用胶皮管洒水养护时，应将水管接头连接牢固；移动胶皮管时，不得猛拉，防止接头拉脱身体失稳，发生安全事故。

（2）在高处洒水养护时，应采取有效防止坠落的安全措施，必要时使用速差自控器进行保护。

2. 蒸汽养护

（1）蒸汽养护是将已浇捣成型的混凝土物件置于固定的养护窑内，通过蒸汽使混凝土在较高的温度和湿度条件下凝结、硬化。

（2）作业人员不得在混凝土蒸汽养护窑边行走或站立，并注意炉窑的盖板和孔沟，防止失足坠落。

（3）蒸汽管道须保温良好，防止人员烫伤。

4.7.5　混凝土集中拌制及泵、罐车运输

1. 混凝土拌和安全操作知识

（1）拌和站、拌和楼的操作人员须经过专门的技术培训，熟悉本岗位的规程，具备熟练的操作技能，经考试合格取得相关证件后

方可正式上岗操作。

（2）操作人员须熟悉拌和站、拌和楼的机械原理和混凝土生产基本知识，了解电气、高处、起重等工作的基本安全常识。

（3）电气工作人员每班不得少于 2 人，同时熟知必要的电气知识；电气工作人员熟悉拌和站、拌和楼的电气原理和设备、布设线路，能正确排除故障，并熟悉混凝土生产的基本知识，了解高处作业的安全常识。

（4）操作人员必须穿戴工作服，女职工必须将发辫塞入安全帽内；酒后及精神情绪不正常的操作人员严禁登拌和站、拌和楼操作；非操作人员未经许可不允许攀登拌和站、拌和楼。

（5）拌和站、拌和楼内的消防设施齐全、良好，符合相关要求；操作人员应掌握基本消防知识，并熟练使用设备设施。

（6）拌和站、拌和楼内禁止存放汽油、酒精等易燃物品；特殊情况使用时，应采取可靠的安全措施，使用后立即收回；其他润滑脂，应采取可靠的安全措施，存放在指定的位置；废油棉纱应集中存放，定期处理，不允许乱扔、乱泼。

（7）严格禁止在拌和站、拌和楼内使用明火取暖；必要时，可使用蒸汽集中供热、保温。

（8）电气设备的金属外壳须设置可靠接零、接地保护装置；其接地电阻应符合规定值，且每年雷雨季节检查 1 次。

（9）电动机须兼备过热和短路两种保护，当断开电源及电子秤后，电气设备的带电部分对地绝缘电阻应不小于 $0.5M\Omega$。

（10）未经主要部门同意，不得任意改变电气线路及电气元件；检查故障时，允许连接辅助连线，但故障排除后必须立即拆除。

（11）操作过程中随时观察：水泥配料、砂石骨料的配比、料斗位置、下料、添加水和外加剂等各种信号是否正常；各部件配合是否准确可靠；配料过程中，注意各电子秤指针是否在规定称量位置区域。

（12）生产中若遇突然停汽、停水、停电等情况时，应立即向调度部门报告，并立即采取应急措施，避免混凝土拌和物在拌和站、拌和楼内凝结。

（13）应经常检查各气缸、吊耳、螺丝及其他转动部位的连接件是否松动，减速机是否漏油等；如有异常，应立即整修，排除故障，恢复正常；应经常检查弧门、回转料斗、伸缩套筒等动作是否灵活可靠，若发生卡阻，应使用专用工具排除。

（14）值班电工应经常检查用电设备、电气元件、线路等各部位是否正常；发现异声、异味时应立即处理；电动机的温升不得超过铭牌规定，无铭牌规定时不得超过60℃。

（15）排除故障或处理事故时，必须处于停机状态，并切断相应的电源和管路气路；停机前应与调度部门取得联系，安排现场混凝土正常浇筑，避免影响混凝土浇筑。

（16）经过检修或维修，在停机时间较长、重新投入生产时，须经模拟生产程序，手动空运试车，确认正常后，方可投入正常循环生产。

2. 混凝土输送泵车安全操作知识

（1）输送泵车工作场地地面必须平整、坚固；支撑固定点应距沟道、基坑保持安全距离。

（2）输送泵车就位。

1）输送泵车支撑固定场地在布料杆回转半径和安全距离之内不得出现高压线及其他障碍物。

2）输送泵车工作场地应避免频繁移动；因故需要移动时应采取措施，减少移动次数。

3）输送泵车在未支撑牢固前，不得伸出或移动布料杆臂架。

4）输送泵车支撑在工作场地必须保持平稳，左、右、前、后的倾斜不得大于3°。

5）输送泵车支撑后前后轮不得悬空，否则必须增加基座固定。

6）支腿伸长、收回时，均应将支腿截止阀关闭；收回支腿前，应首先将臂架收回。

（3）布料杆臂架操作应按照先下段、再中段、后上段的顺序依次伸出；折回时，按照先上段、再中段、后下段的顺序进行；不得折叠、垂直使用。

（4）布料杆上部前端须使用专用输送软管，其长度不得超过8m；风速超过 16m/s 时，不允许使用臂架。

（5）输送泵送混凝土拌和物前，液压油低于 20℃时，须保温操作，空负荷运转不少于 10min。

（6）输送泵送混凝土拌和物开始前，必须先压入水泥砂浆，润滑管路。

（7）混凝土骨料粒径大于 1/3D（D 为输送管直径）的须筛选、剔除。

（8）清除堵塞的混凝土输送管道时，须先将输送泵反转 4～5 个行程；拆管排除前须先将管内压力排泄后方可进行。

（9）完成输送泵送混凝土工作后，应空转不少于 20min。

（10）混凝土输送泵车移动时，滑阀杆须收回锁定。

（11）出车、收车前应检查以下几点：停车制动闸、排出量手柄是否处于上限位置；操作台开关是否处于规定位置；拌制换向阀手柄是否处于中间位置；活塞引拔阀和行程调节阀是否全部关闭；手动控制阀是否全部打开；水泵换向阀是否调至中间位置；支腿操纵阀和臂架油路换向阀手柄是否退回原位。另外，需要检查汽车本身应检查的内容。

3. 混凝土搅拌输送车安全操作知识

（1）搅拌输送车各部位清理时、各转动部位旋转时、机械液压部位检修时、机械液压部位换油时，发动机均应熄火。

（2）在驾驶室内操纵搅拌控制手柄时，勿踩加速踏板。

（3）汽车行驶时，操作手柄应置于"搅动"挡，防逆手柄应加以锁定，扳动操作手柄切忌用力过猛。

（4）发动机启动前，应检查液压油贮存量是否满足要求、车身状况是否良好以及其他部位是否正常。

（5）控制手柄启动前，应使其在"空挡"位置上稍作停留，切勿突然反转。

（6）输送车拌筒在进料之前，应反转检查筒内是否有异物和积水。

4.7.6　喷射混凝土施工安全措施

（1）施工前，施工单位项目部应认真检查和处理锚喷支护作业区的危石，要求施工机具布置于安全地带。

（2）锚喷支护施工时，应遵守下列规定：

1）锚喷支护应紧跟开挖工作面。

2）喷射作业中，应安排专人随时观察围岩变化情况。

（3）施工时应定期检查电源线路和设备的电器部件，确保用电安全。

（4）喷射机、水箱、风包、注浆罐等，应进行密封性能和耐压试验，检验、试验合格后方可使用。

喷射混凝土施工作业中，应随时检查出料弯头、输料管和管路接头等有无磨薄、击穿或松脱现象；发现缺陷及时处理。

（5）处理机械故障时，设备应断电、停风；施工过程中，当需要向施工设备送电、送风时，应首先检查设备安全状况，然后通知相关人员。

（6）喷射作业中处理堵管时，应将输料管顺直，紧压喷头；疏通管路的工作风压，不得超过 0.4MPa。

（7）喷射混凝土施工使用的工作台架应牢固稳定，并应设置安全栏杆。

（8）向锚杆孔注浆的罐内，应保持足够数量的砂浆，以防罐体放空、砂浆喷出发生事故；处理管路堵塞前，应消除罐内压力。

（9）非操作人员不得进入正进行施工的作业区；施工中，喷头和注浆管前方严禁站立任何人员。

（10）施工操作人员的皮肤应避免与速凝剂、树脂胶直接接触；严禁树脂卷接触明火。

（11）在钢纤维喷射混凝土施工中，应采取特殊措施，防止钢纤维扎伤操作人员。

（12）检验锚杆锚固力，应遵守下列规定：

1）拉力机，须固定牢固。

2）拉拔锚杆时，拉力计前方或下方严禁站立人员。

3）锚杆杆端突然出现颈缩时，应及时卸荷。

（13）防尘。

1）喷射混凝土施工时，宜采用湿喷或水泥裹砂喷射工艺。

2）采用干喷射混凝土施工时，宜采取下列综合防尘措施：①在正常喷射的条件下，增加骨料含水量；②在距喷头 3～4m 处增加一个水环，用双水环加水；③在喷射机或混合料处设置集尘器或除尘器；④在粉尘浓度较高地段设置除尘水幕。⑤延长作业区的通风时间。⑥采用增黏剂等外加剂。

3）锚喷作业区的粉尘浓度应不大于 $10mg/m^3$。

4）喷射混凝土作业人员应配备个体防尘用具。

第5章

安 装 作 业 安 全

5.1　金属结构

5.1.1　压力钢管制造、金属结构制作

（1）生产厂区应符合下列要求：

1）主车间规模应满足施工实际需要，宜为轻型钢结构。

2）主车间应保证有足够的通道。行走通道的宽度不得小于1m，两侧采用宽度80mm的黄色油漆标明，通道内不得堆放物品。

3）架空设置的安全通道，底板应为防滑钢板，临边应设置带有挡脚板的型钢防护栏。

4）主车间内应布设接地网；各用电设备、电气盘柜的接地或接零装置应与接地网可靠连接；接地电阻不得大于4Ω，保护零线的重复接地电阻不应大于10Ω。

5）主车间及操作场所应照明充足；照明灯具应配备备用电源，或设置于值班岗位附近；主要通道、楼梯、进出口处附近应安装自动应急灯等。

（2）金属结构制作、机械设备工作、电气盘柜和其他危险部位均应悬挂安全标志。

（3）焊接作业应符合以下要求：

1）电焊机外壳应配备可靠的接地或接零保护。

2）大型电焊作业应进行隔离，安装电焊防护屏，屏高应不低于1.8m。

3) 焊接现场配备足够的通风、排烟设施；有害烟尘浓度，应符合表 5.1 的规定。

表 5.1 作业场所粉尘最高允许浓度

序号	粉尘名称	最高允许浓度 MAC/(mg/m³)	
		呼吸性粉尘浓度	总浓度
1	含 10% 以下游离 SiO_2 的煤尘	3.5	10
2	含 10% 以上游离 SiO_2 的粉尘	2	6
3	含 10% 以上、50% 以下游离 SiO_2 的粉尘	1	2
4	含 50%~80% 游离 SiO_2 的粉尘	0.5	1.5
5	含 80% 以上游离 SiO_2 的粉尘	0.3	1
6	电焊烟尘	—	6
7	其他粉尘	—	10

4) 露天拼装焊接时，应搭设防雨棚。

5) 高处焊割作业的周围和下部地面，以及电焊火星所及的范围内，应彻底清除可燃、易爆物品，并配置足够的灭火器材。

（4）氧气、乙炔集中供气系统应符合以下规定：

1) 在室外架设或敷设氧气和乙炔管路时，应按规定设置接地系统。

2) 氧气和乙炔管路与其他金属物之间，应有良好绝缘。

3) 供气间应使用防爆电器。

4) 氧气和乙炔集中场所应配备足够的灭火器材。

5) 贮气罐、气包等应定期检验并做好标志。

6) 氧气、乙炔使用区域应设置通风设施，防止气体聚集。乙炔总管及各分管的出气口应装防回火装置。

（5）氧气瓶、乙炔瓶在罐装、搬运、储存、使用中的安全防护应按有关规定执行。

（6）金属加工设备防护罩、挡屑板、隔离围栏等安全设施应齐全、有效，有火花溅出或有可能飞出物的设备，应设立隔离板或保护罩。

（7）探伤作业时应做好防辐射措施，并符合以下规定：

1）各类射线检测仪器应配备相应的防护用具。

2）现场 X 射线探伤作业时，应划分安全区域，并悬挂明显的警告标志。

（8）喷砂除锈作业时，应采取防护措施，并符合以下要求：

1）除锈设备采取隔声、减振等措施。

2）设立独立的排风系统和除尘装置。

3）操作人员应佩戴护目镜、防尘面具和穿着带有空气分配器的工作服。

4）喷砂室应设立不易粉碎材料制成的观察窗，室内外均应设置控制开关，并设立声、光等联系信号装置。

5）粒丸回收地槽应设置上下扶梯、照明和排水设施等。

6）电动机的启动装置和配电设备应采用防爆型。

（9）油漆、涂料涂装作业应符合以下要求：

1）涂料库房应配备相应灭火器和黄沙等消防器材，并设立明显的防火安全警告标志。

2）工作现场宜配置通风设备或温控装置。

3）操作人员穿着工作服，配备防护眼镜、防毒口罩、供气式头罩、过滤式防毒面具等防护器具。

4）喷漆室和喷枪应配备避免静电聚积和接地的装置。

5.1.2 压力钢管、金属结构安装

（1）压力钢管、金属结构安装现场必须照明充足，并符合以下要求：

1）现场应有足够的光源。

2）潮湿部位应选用密闭型防水照明器或配有防水灯头的开启式照明器。

3）配备带有自备电源的应急灯等，准备必要的照明器材。

（2）配电线路宜采用装有漏电保护器的便携式配电箱。

（3）压力钢管安装应符合以下要求：

1）配备联络通信工具。

2）洞、井内须装设警灯、电铃等。

3）斜道内应安装爬梯。

4）斜道上的焊接安装工作台、挡板、支撑架、扶手、栏杆等应牢固稳定，临空边缘设立型钢防护栏杆，或铺设安全网等。

5）洞内应配备足够的通风、排烟装置，洞内有害烟尘浓度应符合相关规定。

6）应清除干净洞内危石，并设置可靠的锚固措施。

7）准备足够供洞内作业人员穿戴的安全帽、安全带、绝缘防护鞋等。

5.2　闸门结构制作和安装作业安全

5.2.1　闸门结构制作

（1）闸门制作区应符合下列要求：

1）主要加工区规模应满足施工实际需要，同时采用型钢结构。

2）应保证有足够的通道；作业人员行走通道的宽度不得小于1m，两侧用宽 80mm 的黄色油漆标明；通道内不得堆放杂物。

3）架空安装的安全道、底板应设置为防滑钢板；临边应设置带有挡脚板的型钢防护栏。

4）主要加工区内应布设接地网；各用电设备、电气盘柜的接地或接零装置应与接地网可靠连接；接地电阻不得大于 4Ω，保护零线的重复接地电阻不应大于 10Ω。

5）车间及操作场所照明充足；照明灯具应设置备用电源，或安装在值班岗位附近；主要通道、楼梯、进出口处应设置自动应急灯等。

（2）闸门制作、机械设备安装、电气盘柜和其他危险部位，应悬挂安全标志。

（3）焊接作业应符合以下要求：

1）焊机钢板应配备可靠的接地或接零保护。

2）大型电焊作业宜进行隔离；同时设置电焊防护屏，屏高应不低于1.8m。

3）焊接现场配备足够的通风、排烟设施，有害烟尘浓度应符合相关规定。

4）露天拼装焊接时，应搭设防雨棚。

5）高处焊割作业的周围及下方地面，以及电焊火星所及的范围内，应彻底清除可燃、易爆物品，并配置足够的灭火器材。

（4）氧气、乙炔集中供气系统应符合以下规定：

1）在室外架设或敷设氧气和乙炔管路时，应按规定设置接地系统。

2）氧气和乙炔管路与其他金属物之间绝缘应良好。

3）供气间应使用防爆电器。

4）配备足够的灭火器材。

5）贮气罐、气包等应定期检验并做好标志。

6）氧气、乙炔使用区域，应设置通风设施，防止气体聚集。乙炔总管及各分管的出气口，应装防回火装置。

（5）氧气瓶、乙炔瓶在罐装、搬运、储存、使用中的安全防护，应按有关规定执行。

（6）闸门加工设备防护罩、挡屑板、隔离围栏等安全设施应齐全、有效；有火花溅出或有可能飞出物的设备，应设立隔离板或保护罩。

（7）探伤作业应做好防辐射措施，并符合以下规定：

1）各类射线检测仪器，应配备相应的防护用具。

2）现场X射线探伤作业时，应划分安全区域，并悬挂明显的警告标志。

（8）喷砂除锈作业，应采取防护措施，并符合以下要求：

1）除锈设备，应安装隔声、减振等措施。

2）设置独立的排风系统和除尘装置。

3）操作人员应佩戴防护目镜、防尘面具和带有空气分配器的工作服。

4）喷砂室，应安装使用不易碎材料制成的观察窗，室内外均应设控制开关，并设置声、光等联系信号装置。

5）粒丸回收地槽应设置上下扶梯、照明和排水设施等。

6）电动机的启动装置和配电设备，应采用防爆型。

（9）油漆、涂料涂装作业应符合以下要求：

1）涂料仓库应配备相应灭火器和黄沙等消防器材，并设立明显的防火安全警告标志。

2）工作现场宜配置通风设备或温控装置。

3）作业人员配备工作服，配备防护眼镜、防毒口罩或供气式头罩或过滤式防毒面具等。

4）喷漆室和喷枪应设置避免静电聚积和接地装置。

5.2.2　闸门结构安装作业

闸门结构安装作业应符合以下要求：

（1）门槽口应设置安全防护栏杆和临时盖板。

（2）安装牢固的扶梯、爬梯等。

（3）有防火要求的设备和部位应设立挡板或盖板防护。

（4）搭设满足作业人员、工器件、工具等载重要求的工作平台，平台距工作面高度不应超过1m，平台的周边应安装型钢防护栏杆。

（5）闸门在拼装时，应设置牢靠的防倾覆设施。

（6）闸门安装时，底槛处、门槽口及启闭机室，应安排专人监护，并配备可靠的联络通信工具。

第6章

其 他 作 业 安 全

6.1 机修

6.1.1 汽车修理作业安全

（1）在修理工作中，支木、千斤顶应支稳支好。

（2）汽车修理车间内停车时，周围应至少保持 2m 间距；操作车间应制定明确的规章制度及操作流程；车间外修车时，不应将车辆停在交通道路、消火栓、油库、上下水道、井口等处。

（3）汽车修理架空车辆时，应使用铁凳或方木支垫稳固；顶起时先顶起一端，然后再顶起另一端，不得两端同时顶起，以免倾倒。

（4）严禁只用千斤顶在车下进行任何修理；禁止在松落车身的同时，在车上车下进行修理工作。

（5）禁止在斜坡上停车进行修理；若汽车在山区行驶时发生故障，必须在斜坡上进行检修时，应采取防止溜车、倒车的安全措施。

（6）在车下作业时，发动机必须熄火，前后轮垫楔牢固，拉好手刹；如必须在发动机运转情况下修理时，车上应安排专人看护操作手柄，密切配合；严禁车上车下同时进行修理作业。

（7）修理车间需要人工推动汽车时，推车人员应站在车身后方，以免因场地狭小而被车身挤伤。

（8）打开引擎盖进行修理检查时，应将引擎盖支牢。

（9）拆装发动机、变速箱和后桥等部件时，首先要了解各部件的重量；采用起重机吊运时，不准超载；起重前，首先检查钢丝绳、卡环、吊钩等部件的牢固情况，同时由专人统一指挥；起吊前，应注意周围情况；起吊后，升降回转动作应平稳，不应长时间在空中停留；吊起部件的下方不允许有人员停留，更不允许在悬空物件下进行修理工作。

（10）修理汽车时，变速杆应处于空挡位置；严禁任何人在司机室摆动启动装置。

（11）没有车辆驾驶执照的修理人员不准试车。

（12）在车间内落地闭合发动机时，应将废气排到室外，室内严禁吸烟；试车时，严禁从化油器处直接加油，以免回火发生火灾。

（13）使用汽油清洗零部件时，严禁吸烟或使用明火；工作完毕后，应将汽油放于安全地点，并将装油容器密封，挂标志牌，写明"危险"字样。

（14）焊补油箱时，油箱必须用碱洗净，油箱口敞开防止引起爆炸。

（15）汽车修理完毕进行试车时，首先应仔细检查刹车总泵拉杆、开口销、刹车油及其他各部件情况；然后挂上试车车牌，在指定的路线行驶试车。

（16）非车间工作人员不允许随意动用各种机具和电气设备，协助修理的人员必须听从车间负责人的指挥。

（17）工作照明须使用安全电压（36V以下），下班后切断各项电源，以防引起火灾。

6.1.2 施工机械修理安全

（1）工作环境必须清洁整齐，无油污，通风良好。零配件、工件等堆放整齐有序。通道畅通，车间内严禁吸烟，以防火灾。

（2）清洗油、废油、汽油等应存放于指定地点，并及时处理；使用容器装油时，严禁以敞口的盆和桶储存。

（3）修理车辆、机械解体时，应在平坦坚实的地面使用支架将车架垫稳垫牢，回升机构必须锁定卡死。

（4）重心高、偏心大或易滚动的工器件应合理放置，采取固定措施，以防倾倒。

（5）严禁使用不合格的工具。凿、冲类工具，必须刃口完整、锋利，无裂纹，无毛刺，尾刺不准热处理淬硬；出现卷边应及时处理，防止飞屑发生事故。抡大锤时，甩动方向不允许有闲杂人员。锉刀刮刀应装有木柄，不得用嘴吹金属碎屑；使用刮刀时，应防止用力过猛，避免因滑移而发生伤害事故。

（6）使用电缆须检查插座，电线、开关应正确接入；电源线及电器设备应保持清洁，无油污。

（7）使用电钻时，应佩戴绝缘手套，并接有触电保护器；电钻启动后，再接触工器件；钻斜孔时，应防滑钻，操作时可使用加压杆，严禁以身体重量助压。

（8）使用千斤顶时，应按照汽车修理安全技术相关操作规程执行。

（9）严禁在砂轮上打磨较为笨重、不规则的物体；打磨工器件时，人员不得站立在砂轮的正前方。砂轮与支架间隙应调整适当，不得过大；不得使用厚度较薄及疵品砂轮。

（10）严禁在汽油附近进行锤击和使用砂轮，防止因打击和磨削时，迸出的火星引起失火。

（11）严禁明火取暖；用油料清洗机件时，严禁吸烟和灌注试验打火机。不得清洗尚在散发热量的机件，应待充分冷却后清洗。清洗车辆时，应先切断电源，再移走电源；清洗作业中，不得使用钢丝刷，以防机件之间相互碰击，产生静电引起火灾。

（12）不应在车辆翼板、车体、发动机罩等处任意摆放工具，防止工具落下打伤作业人员。

（13）严禁用手直接拨动差速器、变速器等机构内部的齿轮，或将手指伸进钢板弹簧座孔等处，防止挤伤或剪断手指。

（14）机械拆卸前，应先将外部泥土和油污清洗干净。

（15）拆卸时，应使用适宜的工具和专用工具，按总成部件零件顺序，从外到内依次拆卸，不得乱敲乱打；拆卸后的零、部件，应清洗干净，分类分组存放。

（16）对于某些不可互换的组合件，如缸体主轴承盖、飞轮壳、连杆、盖等，应按原来的部位和顺序做好标记，成对成套存放，为后续装配做好准备。

（17）对于精度较高的零、部件，若技术状况良好，不可随意拆卸，以免在拆装过程中损坏或降低装配精度；对于高精度部件，如高压油泵喷油嘴、调速器、油泵、油压操纵阀等，应在专门的工作台上拆装，以免损坏精密器件。

（18）拆卸螺丝螺帽时，应选用合适的开口扳手、梅花扳手和套筒扳手，不得随意使用活动扳手和管子钳等，以免损坏螺帽。拆卸配合件，应使用专用拆卸工具或压力机。

（19）各部件需要装配的螺栓、垫片、锁片、开口销等应符合技术要求，保证维修质量；保险垫片、制动铁丝等通常不允许重复使用。通用件、标准件、轴承、油封、弹簧等不符合标准时不得使用，不合格的零、部件不得装配；装配前必须经过严密检查。

（20）装配件应认真清洗干净，重要部件应使用汽油、柴油洗净，并使用压缩空气吹干；组装的部件不得存在油污、水垢、积灰等。

（21）分析机械部件的尺寸及精度时，应通过选配和调整以满足精度要求。

（22）处理装配件的程序：先内后外，先难后易，先精密后一般，依次进行。

（23）选择合理的装配方法和设备。在静态装配的构件，应使用相应的压力装配；对包容件加热时，应待被包容件冷缩后，完成装配。

（24）活动部件的摩擦表面应涂刷清洁的润滑油。

（25）接合处、密封装置、各管路等应保证密封，防止渗漏。

（26）特殊重要部位，如气缸盖、主轴瓦等处的螺栓、螺帽等，应按规定顺序和力矩，分次均匀拧紧。

（27）试车时，应时刻观察仪表、声音等；发现问题应立即停车处理。

（28）试车前，先应空负荷运转，然后带负荷行走，严格按操作规程和负荷期减载运行的规定执行，不许超负荷运转。

（29）进入车底作业时，必须在方向盘上悬挂有"车下有人，严禁启动"的警示牌；在车辆维修完成试车时，遇方向盘上挂有警示牌时，应先查看车下情况，在未获得允许前不准发动车辆，避免发生安全事故。

（30）严禁使用自流方式向化油器中加注汽油，防止发生火灾，造成烧伤事故。

（31）检修有毒、易燃设备或容器时，须严格清洗，并打开通道、窗、孔，将设备置于通风处，使内部残留物进一步挥发。进入容器工作时，须注意通风和使用低压防爆照明。容器外安排专人监护，并定时走出容器，换气休息。

（32）架空试车时，车辆的前方不得出现闲杂人员；不允许在发动的车辆下面从事检查、调整等作业。

（33）严禁吸取汽油和防冻液，以防引起中毒。

（34）车间内不允许存放燃油、易燃物料等；严禁将废油泼洒在地上或倒入下水道、地沟中。废油应集中收集，存放到指定地点或交仓库回收保管。沾过油料的废棉纱、破布、破手套等，应集中投放于有盖的金属容器里，并及时妥善处理。

6.1.3　内燃机修理作业安全

（1）工作环境应干燥整洁，不得堵塞通道。

（2）操作工作台有多人同时工作时，中间应设立防护网；相对操作时，双方应错开。

（3）清洗使用汽油、润滑油、废机油等，须按指定地点存放；废油、棉纱、手套、油纸等不允许随意乱放。

（4）扁刺等应及时清除，防止铁屑飞出发生事故；活动扳手，不允许反方向使用。

（5）用台钳夹工器件时，应夹紧夹牢；钳夹工器件不得超过钳口最大行程 2/3。

（6）机械解体时，应使用支架，架稳垫实。

（7）修理机械时，应选择平坦坚实地点停放，支撑点坚实牢固。

（8）架空试车时，不允许在车辆下方工作或检查，不允许在前方站立。

（9）检修有毒、易燃易爆物的容器或设备时，应首先清洗干净，使内部有害物质挥发净；在容器内工作，必须通风良好，外面安排专人监护。

（10）爆破修补容器时，须首先将容器内有害物质冲洗干净，放置 24 小时后，待有毒气体挥发干净后，方可爆破修补。

（11）在容器内爆破作业时，人体不允许接触爆破器件，应使用 12V 照明灯，以免发生触电事故。

（12）在容器内作业时间不宜太久，应适时外出呼吸新鲜空气；要求有两人轮流作业，一人工作，另一人在外监护。

（13）检修中的机械，应悬挂有"正在修理，禁止开动"的警示牌；未经允许，严禁发动或转动机械。机械检修中，不允许将手伸进齿轮箱，或用手找正孔位。

（14）试车时，应随时观察各种仪表、声音、嗅味等，发现异常时，应立即停车检查。

（15）使用千斤顶应注意下列事项：

1）千斤顶应符合起重吨位；严格检查柱轴、螺纹手柄、防滑轮等，确认无损坏、脱节后，方可使用。

2）平行千斤顶应设立安全手柄；螺旋千斤顶应设置自动控制闸，并安装防止螺旋齿杆被顶出的安全装置。

3）液压千斤顶应设置逆止阀隔板。

4）千斤顶不得超负荷起重；螺丝杆的伸出距离不允许超过全行程的 2/3。

5）两个以上千斤顶同时顶升一件重物时，应安排专人统一指挥，统一作业，以保持物体的平稳。

（16）修理人员应坚守工作岗位，发动机未停止前，不得随意离开。

（17）按照不同季节及气温变化，根据制造厂的规定选用合适牌号的燃油、润滑油；使用过程中采取必要措施保持油料清洁。

（18）检查发动机油底壳、喷油泵、调速器、齿轮箱等部件，如有缺陷，及时修理。

（19）详细检查轴箱弹簧装置，若出现折断、裂痕、位移等情况，应立即修理或更换。

（20）检查喷油泵、传动轴、连接盘等有无松动，位置是否正确；发现异常时，应重新校正喷油嘴，直至符合要求。

（21）检查离合器、杠杆等与推动轴承的间距应符合规定，确保离合器正确接合或脱开。

（22）检查各油路、水管路接头等，查看有无渗漏；进气管、排气管及缸垫片等，确保不漏气；发现漏气现象时，应及时维修，排除故障。

（23）检查机车各部分螺丝，若发现松动，立即拧紧。

（24）未修理完的部件应向下一班作业人员交接清楚，由接班人员负责完成。

6.1.4　轮胎修理作业安全

（1）严格遵守各项规章制度，进入岗位应按规定穿戴劳动防护用品，作业时不得擅离职守。

（2）胎、胶、硫化车间，严禁吸烟；工作现场应光线充足，吸尘排气、通风良好，通道畅通无阻塞。

（3）用电设备、器具和电器线路须符合安全规定；严禁自行接、折、校、改等，照明行灯的电压不应超过36V。

（4）使用的锤子面应平整，锤柄应光滑并楔紧、固定牢固。

（5）保养分解轮胎时，应使用专用工具；不得用大锤猛击或将轮胎放在有棱角的物体上硬摔，以免轮胎钢圈（轮辋）损坏；首先等待胎内压缩空气排出，然后再拆出锁环（压条），防止剧烈碰击促使锁环崩出发生伤害事故。

（6）装卸轮胎的轮辋、挡圈、锁环等，应认真检查。各部件不允许出现锈蚀、裂纹等缺损情况；同时，阻止使用不合格配件，防止在充气时崩溃，发生伤亡事故。

（7）轮胎锁环须密合到位，防止锁环嵌入钢圈环槽松动，充气时脱落发生事故。

（8）轮胎充气时，应在钢圈孔中穿一适当长度的铁棍，以防充气时锁环崩出；充气初始阶段，应不时使用手锤轻调锁环四周，使之紧压密实；充气后经检查确认锁环在钢圈中嵌入安全牢靠后，再取出钢圈孔中所穿铁棍。

（9）拆装轮胎螺帽的套筒时，应确保完好，与螺帽应吻合，防止打滑脱出，发生事故；拆装车辆前轮胎时，必须关闭驾驶室门，防止起立时被门角撞伤。

（10）轮胎靠近车旁时，须注意倾斜度不小于 30°，防止翻倒受伤，发生事故。

（11）运胎、跑胎时，应观察地面的高低、坡度和摆放着的机件、物件等，防止发生绊倒或轮胎倾倒，出现压伤现象。

（12）修理完毕，整理工作场地，清扫环境；易燃的油料、物料应放入规定仓库，统一保管存放；经检查确认无遗留火种和危及安全情况时，切断电源，并锁好门窗后，才允许离开工作岗位。

6.2 压缩空气作业安全

6.2.1 作业条件

（1）空气压缩机的内燃机和电动机各部件执行有关规定。

（2）固定式空气压缩机须安装平稳牢固，基础应符合规定；移动式空气压缩机停机后，应保持水平，轮胎应固定牢固。

（3）空气压缩机作业环境应保持清洁和干燥；贮气罐须放置于通风良好处，半径 15m 以内不得进行焊接或热加工作业。

（4）贮气罐和输气管路每 3 年进行 1 次水压试验，试验压力为额定工作压力的 150%；压力表和安全阀每年至少校验 1 次。

（5）移动式空气压缩机拖运前，检查行走装置的紧固、润滑等情况，拖行速度不超过 20km/h。

6.2.2　作业前的检查

（1）曲轴箱内的润滑油量应处于标尺规定范围之内；添加润滑油的品种、标号须符合相关规定。

（2）连接部位应紧固，各运动部位及各部阀门开闭应灵活，并处于启动前的状态。

（3）冷却水使用清洁的软水，并保持畅通。

（4）启动空气压缩机前，应处于无载荷状态下进行；待运转正常后，再逐步进入载荷运转。

（5）打开送气阀前，应将输气管道连接紧密。输气管道应保持畅通，不得扭曲，在确保安全并通知相关人员后，方可送气；在出气口前，不允许任何人员工作或站立。

6.2.3　作业中安全注意事项

（1）空气压缩机运转正常后，各种仪表指示标志应符合原厂说明书的要求。

（2）贮气罐内最大压力不得超过铭牌规定，安全阀灵敏有效。

（3）进气阀、排气阀、轴承及部件等应无异常或过热现象。

（4）每工作 2 小时，应将油水分离器、中间冷却器、后冷却器内的油水排放 1 次；贮气罐内的油水每班必须排放 1～2 次。

（5）发现下列情况之一时，应立即停机检查，找出原因待故障排除后，方可继续作业：

1）漏水、漏气、漏电或冷却水突然中断。

2）压力表、温度表、电流表的指示值超出规定值。

3）排气压力突然升高，排气阀、安全阀失效。

4）机械出现异常或电动机电刷发生强烈火花。

（6）运转中如因缺水致使气缸过热而停机时，不应立即添加冷水，须待气缸体自然降温至60℃以下后，方可加水。

（7）在电动空压机运转中，如遇停电，应立即切断电源，待来电后重新启动。

6.2.4　作业后安全注意事项

（1）停机时，应先卸去载荷，然后分离主离合器，再停止内燃机或电动机的运转。

（2）停机后，关闭冷却水阀门，打开放气阀，放出各级冷却器和贮气罐内的油水和存气；当气温低于5℃时，应将存水放尽，方可离去。

（3）不得使用汽油或煤油清洗空气压缩机的滤清器、芯、气缸及管道的部件，不允许采用燃烧方法清除管道的油污。

（4）使用压缩空气吹洗零部件时，严禁将风口对准人体或其他设备。

6.3　高处作业安全

国家标准《高处作业分级》（GB 3608—2008）规定："凡在坠落高度基准面2m以上（含2m）有可能坠落的高处进行的作业，均称高处作业。"

高处作业具有建筑（构筑）物高大、高处作业、重叠作业频繁、交叉施工及施工条件差、流动性大、可变因素多、条件差异大、自然气候条件影响等特点，可能造成高处坠物或出现伤亡事故等；在控制和预防高处作业及交叉施工中，为避免出现人身安全、设备安全、工程损害等事件，在技术措施和安全技术方面，应加强管理。

6.3.1　基本概念

（1）高处作业高度：各作业区与相应坠落高度至基准面之间的垂直距离中的最大值，称为该作业区的作业高度。

（2）坠落高度基准面：通过最低坠落着落点的水平面，称为坠落高度基准面。

（3）最低坠落点：在作业区可能坠落的最低点，称为该作业区的最低坠落点。

6.3.2　级别分类

1. 高处作业的级别

（1）一级高处作业，其高处作业的高度为 2～5m；

（2）二级高处作业，其高处作业的高度为 5～15m；

（3）三级高处作业，其高处作业的高度为 15～30m；

（4）特级高处作业，其高处作业的高度在 30m 以上。

2. 高处作业的种类

高处作业的种类分为一般高处作业和特殊高处作业两种；特殊高处作业以外的高处作业均可称为一般高处作业。

3. 特殊高处作业的类别

（1）在阵风风力 6 级（风速 10.8m/s）以上的情况下进行的高处作业，称为强风高处作业。

（2）在高温或低温环境下进行的高处作业，称为异常温度高处作业。

（3）降雪时进行的高处作业，称为雪天高处作业。

（4）降雨时进行的高处作业，称为雨天高处作业。

（5）室外完全采用人工照明进行的高处作业，称为夜间高处作业。

（6）在接近或接触带电体条件下进行的高处作业，统称为带电高处作业。

（7）在无立足点或无牢固立足点的条件下进行高处作业，称为悬空高处作业。

（8）对突然发生的各种灾害事故进行抢救的高处作业，称为抢救高处作业。

6.3.3　高处作业发生伤亡事故的主要原因分析

1. 结构吊装的原因

（1）起重机械超载、误操作，造成机械损坏、倾覆、吊体坠落。

（2）吊点位置计算不准确，索具计算失误，造成吊件失稳或索具断裂。

（3）作业人员随吊件上下运行、指挥人员在高处行走时，被吊件或索具意外碰撞迫使身体失衡。

（4）构件就位后，未放稳或未临时固定就松钩。

（5）钢结构吊件的焊点不牢固或连接不紧密，索具、倒链等发生断裂。

（6）由于设计缺陷及吊件起吊后放置的位置不当等原因，发生吊装结构的倒塌。

（7）一钩多吊件时，由于绑捆和卡索不牢固，在空中转杆或吊车移动时，吊件坠落。

2. 防护设施及保险装置的原因

（1）施工现场各平台及各建（构）筑物的平台上，预留孔洞无防护盖板或防护盖板不标准；平台沿边、楼梯、上料口等处无防护栏杆或防护栏杆不标准。

（2）防护用具的安全帽佩戴不标准；未按规定佩挂安全带；作业区公共防护设施安全网没有挂牢固或张挂不标准；在无法布置安全网的地方未增设其他防护设施。

（3）带电区域工作或手持电动工具未设置防触电、漏电的安全保护措施。

（4）脚手架强度不够，脚手板断裂或脚手板临时移动变成探头板；作业人员临时落脚点支撑结构焊点开裂，或作业人员安全带挂点焊点开裂等。

（5）在轻型结构物（石棉瓦、木板条、油毡纸等）作业或行走，未采取防护措施。

3. 作业人员的行为因素

（1）追逐、打闹、开玩笑；打盹、乱串、倒着走；睡眠不足、休息不好、精神不振、衣着不整齐等。

（2）高处作业人员使用的小型手持工器具和材料、构件等未配备预防坠落绳索或设置不牢固。

（3）高处拆架子、拆模板、清扫垃圾等作业时，随意向下抛掷物品，作业的下方未划定保护区、未安排专人监护等。

（4）高处作业中，拉扯电焊线或氧、乙炔胶皮管时，将零星铁件、螺栓等杂物拖带坠落。

（5）酒后登高作业、爬梯子，或爬梯时手持工具、物件等。

（6）大面积构件（如水冷壁、大口径钢管等）起吊前未彻底清理干净，造成提升或转杆时，零星铁件、石块、工器具等坠落、滑动、移位等。

4. 自然灾害的因素

不可抗力发生的自然灾害事故造成高处作业人员坠落，如地震、飓风、冰雹等突然袭击等。

6.3.4 预防发生高处作业伤亡事故的主要措施

（1）高处作业安全技术及措施，涉及的范畴较大，涵盖的内容较广，既有一般要求又有特殊规定，所以，既要针对水利工程隧洞混凝土施工的特点（建筑工程量大，结构复杂；主设备笨重高大，安装工艺复杂等），又要针对水利工程隧洞混凝土作业特点（大量的施工人员集中在一起，多层面、多工种、多专业、多工序同时展开作业面等），采取相应安全技术措施。工程开工前必须做到：对施工图纸进行深入细致的会审；对施工安全技术措施全面进行编制；对施工作业人员全部进行安全交底。在每个项目的施工组织设计和施工技术措施、方案或作业指导书编制时，均要详细周密地制定该项目所涉及高处作业的各项安全技术措施方案；应尽可能地加大地面作业量，减少高处作业量，并严格执行项目部负责人签字制度、项目部技术负责人审批制度等。

（2）工程项目开工前，为了明确职责、加强安全管理工作，应由工程项目部负责人及工程技术、质量安全负责人等，逐级向有关人员及全体施工人员进行安全技术交底工作；交底人和被交底人，须履行交底签字手续。根据工程项目的特点，指定专人负责，统一指挥；坚决杜绝习惯性违章作业和违章指挥的现象发生，并配备专职安全监督人员，会同各专业有关负责人及工程技术人员，共同做好各阶段、各专业施工过程中的安全检查及监督工作。

（3）高处作业人员应进行身体检查（开工前的检查、定期检查、对个别人员重点检查）。凡患有精神病、癫痫病、高血压、心脏病、视力和听觉严重障碍，不宜从事高处作业的人员，一律不允许从事高处作业；凡发现班前喝酒、情绪波动较大、精神不振的人员，严禁高处作业。

（4）高处作业人员应穿着统一的工作服，衣裤应轻便，衣袖裤脚应扎紧；穿软底鞋（布底或胶底鞋），不得穿戴硬底或打铁掌的鞋。

（5）高处作业前，应检查脚手架、踏脚板、临时爬梯等是否安全可靠，吊装机械的制动、安全装置是否齐全灵敏。

（6）高处作业地区周围的沟道、孔洞等固定盖板应盖牢或设置围栏。

（7）吊装施工危险区域应设立围栏和警示牌；禁止行人、车辆通过或在起吊物下停留，必要时安排专人值守。

（8）高处作业地点和各层平台、走廊等不应堆放过多的物料；施工使用材料应随用随吊，用后及时清理垃圾。

（9）夜间高处作业和吊装作业须配备足够的照明设施。

（10）高处作业操作地点的跳板、栏杆和其他安全设施未完善前，作业人员不得施工；施工中出现缺陷时，应及时整改并通过验收合格后，方可重新作业。

（11）高处作业人员须扎紧安全带，必要时使用速差自控器，并挂在牢固的结构上，其高度不得低于腰部；安全带和自控器使用前，应进行检查，确认完整无损后，方可使用。

（12）高处作业人员应配备工具袋，个人手挂工具应系保险绳；工具、器具及其他小型材料，不允许乱放或乱掷，传递时应手接手传递或用保险绳传递。

（13）高处作业时，点焊的构件不得移动；切割的工器件应放置在坚实的基面，并使用铁丝绑扎牢固，同时设置预防边角余料或废料坠落的有效措施。

（14）高处作业人员在施工中，必须控制和保持自身平衡，对于发生的外力和自身用力过度造成的危险，均设置预防和控制措施。

（15）上下层的工序尽可能地错开进行，避免垂直方向同时作业；在无法回避及克服时，应安装防护隔板、安全网或其他隔离设施。

（16）高处作业人员须集中精力施工，必须严格按操作规程作业；同岗位和岗位相关的作业人员，应互相照应，互相提醒，共同控制每道作业操作程序过程中的动态危险。

（17）在寒冷季节高处作业时，应做好防寒、防冻、防滑措施，作业人员须配备御寒劳动保护用品；雪后应及时扫除脚手架、马道（斜道）板上的积雪，并使用木屑、草垫铺好。

（18）当遇到暴雪、大雾、暴雨及 6 级以上大风等恶劣天气时，应停止露天高处作业，并做好吊装构件机械的加固工作。

（19）狂风暴雨过后，应立即组织有关人员，对脚手架、扶梯、栏杆、缆风绳等所有防护设施进行全面检查，发现有倾斜、变形、松动等现象时，须及时维修、加固；经复查验收合格后，方可重新使用。

6.3.5　建筑工程的临边、洞口、悬空作业

水利工程混凝土施工的高处作业，按其施工的部位和位置又可

分为三大类，即临边作业、洞口作业及悬空作业。这些部位的高处作业，均须做好各种必要的安全防护技术措施。

1. 临边作业

施工现场的任何区域，当工作面的边沿处无围护设施，使人与物有坠落可能的高处作业，属于临边作业；当围护设施低于 80cm 时，近旁的作业也属于临边作业，如屋面边、楼板平台边、阳台边、基坑边等；临边作业的安全防护主要是设置防护栏杆和其他围护措施，一般分为以下三类。

(1) 设置防护栏杆。地面基坑周边，无外脚手架的楼屋面周边，上料平台及建筑平台的周边等，吊笼、施工使用电梯、外脚手架等通向建筑物通道的两侧边，以及水箱、烟囱、水塔周边等处，均应设置防护栏杆。

(2) 架设安全网。高度超过 3.2m 的建（构）筑物的周边以及首层墙体超过 3.2m 时的二层楼面周边，当无外脚手架时，须在外围边沿架设一道安全平网。

(3) 装设安全门。主施工区及其他较高建筑物施工时，使用垂直运输的平台、楼层边沿运料处等均应安装安全门或活动栏杆。

2. 洞口作业

建筑物或构筑物在施工过程中，因设备和工艺要求及施工需要而预留洞口、通道口、上料口、楼梯口、电梯井口等，在其附近作业就称为洞口作业。凡深度在 2m 及以上的桩孔、人孔、沟槽与管道孔洞等边沿的施工作业，也属于洞口作业。

通常将较小的口称为孔，较大的口称为洞。一般规定：楼板、层面、平台面等横向平面上，短边尺寸小于 25cm 的以及墙体等竖向平面上高度小于 75cm 的口称为孔；横向平面上，短边尺寸不小于 25cm 的口、竖向平面高度不小于 75cm、宽度大于 45cm 的口称为洞。

洞口作业的安全防护，根据不同类型，通常可按以下方式进行：

(1) 各种板与墙的孔、洞口，必须视具体情况分别设置牢固的盖板、防护栏杆、安全网或其他防坠落的防护设施。

（2）各种预留洞口，桩孔上口，杯形、条形基础上口，未回填的坑槽，以及人孔、天窗等处，均应设置稳固的盖板，或采用防止人、物坠落的小孔眼的钢丝网等覆盖。

（3）电梯井口须设置防护栏杆或固定栅门；电梯井内，每隔10m设一道安全平网。

（4）未安装踏步的楼梯口，应像预留洞口一样覆盖；安装踏步后的楼梯，应设立防护栏杆，或者安装正式工程的楼梯扶手，预防防坠事故的发生。

（5）各类通道口、上料口的上方，须设置防护栅，以确保处于下方通行、逗留或作业的人员不受任何落物的伤害。

（6）施工场地内大的坑槽、陡坡等处，除需设置防护设施与安全标志外，夜间还应设置红色警示灯。

（7）位于车辆行驶通道旁的洞口、深沟以及管道的沟、槽等，除盖板需固定外，还需能承受不小于卡车后轮有效承载力2倍的荷载。

3. 悬空作业

在无立足点或无牢固立足点的条件下，进行的高处作业统称为悬空高处作业。

对悬空作业安全的基本要求如下：

（1）当悬空作业中尚无立足点时，须在适当区域建立牢固的立足点，同时搭设操作平台、脚手架或吊篮后，方可进行施工。

（2）凡作业使用的索具、脚手架、吊篮、平台、塔架等设备，必须为经过技术鉴定的合格产品，确认合格安全后，方可使用。

6.3.6　工程中几个主要工序悬空作业施工时的安全防护

1. 结构物件吊装和管道安装

（1）钢屋架、钢筋混凝土吊车梁、桁架等大型构件吊装前，应搭设悬空作业所需要的安全设施，如操作平台、张挂安全网等；当构件起吊就位后，承担临时固定、电焊、高强螺栓连接等作业人员须系挂安全带，落脚点要牢固稳定。

（2）分层分片吊装的第一钩构件，吊装单独大、中型预制构件或钢构件，以及悬空安装大模板时，须设置临时操作平台；吊装预制构件、大模板及石棉水泥板、钢板、层面板时，吊装物件严禁站人或行走。

（3）管道安装时，须在方便作业且已完成的结构平面上或操作平台上进行安装作业；作业人员应设置牢固的落脚点，严禁在安装管道上站立或行走。

2. 安装和拆卸模板

（1）安装和拆卸模板应按规定的作业程序进行；前一道工序所支撑的模板未固定之前，不得进行下一道工序施工。严禁作业人员在连接件和支撑件上攀登，严禁在上下同一垂直面上装、卸模板。结构复杂的模板，装模、拆模应严格落实施工技术方案的各项措施。

（2）设立、安装高度在 3m 以上的柱模板，四周应设置斜撑或采取其他防止模板倾倒的措施，同时设立操作平台或脚手架；低于 3m 的脚手架，可使用马凳操作。

（3）安装位于悬挑状态的模板时，作业人员除必须佩戴防护用品外，还须设置稳定的立足点；安装半空凌空构筑物的模板时，应搭设支架或脚手架。模板面上因结构或工程建设需要预留孔洞时，模板安装后随机将孔洞口覆盖。

（4）在高处进行拆模作业时，应配置登高用具或搭设支架；拆下的模板采用传递绳输送到地面；严禁随意向下抛掷，严禁大片、大面积的拆卸。

3. 绑扎钢筋和安装钢筋骨架

（1）绑扎钢筋和安装钢筋骨架时，须搭设必要的脚手架和马道，并督促作业人员系好安全带、设置好钢丝绳或安装焊接牢固的铁环。

（2）绑扎圈梁、挑梁、挑檐、外墙和边柱等钢筋时，应搭设操作平台、操作支架和张挂安全网；绑扎悬空大梁钢筋时，须在支架、脚手架或操作平台上操作。

（3）绑扎、安装支柱和墙体钢筋时，不得站立在钢筋骨架上或在钢筋骨架上攀登行走。

（4）混凝土钢筋绑扎时，应设立平台；安装定位筋、架立筋时，设置安装焊接场所，搭设施工平台。

4.混凝土浇筑工程

（1）浇筑距离地面 2m 以上的框架、过梁、雨篷和小平台时，应设立操作平台；作业人员，不得站立在模板上或支撑件上操作；使用输送泵罐车浇注混凝土时，作业人员采用预防措施，并设置防碰撞的软管，防止事故的发生。

（2）浇筑拱形结构，应从两边拱脚开始，对称相向进行；浇筑斗型结构及储仓式结构时，下口应首先封闭，并安装脚手架，以防人员坠落。

（3）特殊情况下浇筑混凝土，若无法安装或设置安全设施时，作业人员须悬挂安全带或速差器，扣好保险钩，脚下应具备稳定的落脚点。

5.门窗工程

（1）安装门、窗，对门窗涂刷油漆，或安装玻璃时，严禁作业人员站立樘子或阳台栏杆上操作；门、窗临时固定，填缝材料未达到设计强度进行焊接时，严禁使用手拉门、窗，严禁攀登。安装玻璃时，采用有效措施，预防坠落。

（2）在高处进行外墙门、窗安装时，若无法搭设室外脚手架，应使用吊篮或张挂安全网。

（3）进行窗口作业时，作业人员的重心应位于室内。作业人员不得站立窗台上。在窗台上作业时，必须系好安全带，采取防护措施，并安排专人在室内监护。

6.4 焊接作业安全和防护

6.4.1 气焊

6.4.1.1 乙炔站的安全要求

（1）乙炔站的布置及乙炔设备、建筑、管道敷设等，应符合乙炔站设计规范的规定。

（2）乙炔站的操作人员应接受专门训练，经安全考试合格后，持证上岗。

（3）乙炔站内禁止吸烟及其他明火，并应悬挂"严禁烟火"等警示牌。

（4）发气间或发生器发生火灾时，应立即关闭输出管道阀门，采用干粉、二氧化碳灭火器灭火。

（5）在电石库和发生器间应安装消防沙箱，每 $50m^2$ 仓库内至少应配备 1 个 $0.5m^3$ 的消防沙箱。

（6）乙炔发生器间的地面及操作间的地面，应采取措施防止金属工具撞击产生火花。混凝土地面应铺设沥青，金属平台应铺设橡胶。

（7）有乙炔爆炸危险的房间应设置直通室外的出口；事故发生时，能从出口迅速疏散。

（8）在装运电石时，严禁电石遇水；尽可能缩短电石与空气接触时间，以防电石吸潮分解。

（9）电石粉应按规定进行处理，严禁随意倒入渣坑水池，以防燃烧爆炸。

（10）电石颗粒存储应满足发生器说明书规定的尺寸范围。

（11）清扫贮料斗、螺旋给料器、电磁振荡器的电石灰尘时，严禁使用清水洗涤。

（12）乙炔发生器、辅助设备清洗使用的水，应为无油污的干净水。

（13）室内的安全膜上方，须安装排放管，排放管的排气孔应高于室脊。

（14）用肥皂检查乙炔发生器和各阀门等的是否漏气时，严禁使用火焰检查。

6.4.1.2 气焊与气割作业产生回火的主要原因

（1）焊割炬距离太近时熔化金属，会增大焊割炬喷孔附近的压力，致使混合气体难以流出，喷射速度变慢。

（2）焊割嘴过热，混合气体受热膨胀，压力增高，增大混合器气体的流动阻力。

（3）焊割嘴被熔化，金属飞溅堵塞，焊割枪内的气体通道被固体碳质微粒堵塞，混合气体难以外流，在焊割炬里燃烧爆炸。

（4）焊割炬阀门不严密，造成氧气倒流回送乙炔管道，形成混合气，或加电石后未能排放乙炔与空气混合气；在焊割炬点火时，产生回火。

（5）乙炔软管陈旧、太长或曲折太多，可能产生回火。

6.4.1.3　氧气瓶在生产、使用、运输和贮存中发生爆炸的原因

虽然氧气本身不燃烧，但能帮助其他物质发生剧烈燃烧；纯氧气在常温下很活跃，当温度不变而压力增高时，氧气能够与油脂发生剧烈化学反应，从而引起发热自燃及爆炸。

氧气瓶内的氧气压力有 150 个大气压，这就为燃烧和爆炸提供了充足的条件。

6.4.1.4　预防氧气瓶爆炸

（1）充气前认真检查钢瓶气样，防止误充。

（2）禁止使用不合格或过期的钢瓶。

（3）防震动，防撞击，防日光暴晒；远离高温、明火、熔融金属飞溅物和可燃易燃物。

（4）与乙炔在同一工作点使用时，瓶底应铺垫绝缘物。

（5）瓶阀或减压器若发生冻结现象，应采用热水或水蒸气解冻，不得使用明火烤或铁器击打。

（6）氧气瓶气体使用，应预留 $1 \times 10^5 \sim 2 \times 10^5 \mathrm{Pa}$ 余压。

6.4.1.5　电石库或电石桶着火时的处理方法

必须用干砂、干粉、CO_2 灭火器或 1211 灭火扑救器灭火，严禁使用水或含有水分的灭火器灭火。

6.4.1.6　各种气瓶的涂漆颜色

（1）氧气瓶为天蓝色。

（2）乙炔瓶为白色。

（3）液化气瓶为银灰色。

（4）丙烷瓶为褐色。

（5）氢气瓶为深绿色。

（6）二氧化碳气瓶为铝白色。

（7）氮气瓶为黑色。

（8）氩气瓶为灰色。

6.4.1.7 氧气灌充气、贮存注意事项

1. 氧气灌充气应注意事项

（1）在氧气压力达到 $100kg/cm^2$ 以上时，不得再补充空瓶。

（2）对不合格的瓶阀及时更换，瓶阀应彻底去除油污。

（3）开阀门、关阀门时，应缓慢进行。

（4）存在油污或前部设置铺垫的气瓶，严禁充气。

（5）灌充气前，应设置高度不少于 2m 的防护墙。

氧气贮存应注意：贮存氧气的容器设置胶质贮气囊、湿式贮气柜、球形罐和筒型罐等；根据氧气的特性，在其贮存过程中，要倍加小心，或有不慎，可能导致火灾，出现危险。

2. 预防措施

（1）贮气囊应布置在单独房间内。总容量不大于 $100m^3$ 时，可布置在制氧间内，但不得存放在氧气压缩机顶部。贮气囊与设备的水平距离不得小于 3m，并设置防火隔离措施。

（2）其他形式的贮罐宜置于室外；在寒冷地区，贮气罐的水槽和放水管应安装防冻措施。

（3）贮罐周围 10m 以内不得使用明火作业，

（4）贮罐应设置超压安全装置；贮罐应定期检查、测厚，并采取防腐措施。

6.4.2 电焊

电焊是利用电能加热，促使被焊金属局部达到液态或接近液态从而结合牢固，实现不可拆卸接头的工艺方法。

6.4.2.1 电焊作业对操作者可能造成的伤害

进行电焊作业时，若未能严格遵守安全操作规程，电气设备未

设置安全装置，则可能造成以下伤害：

（1）受电击伤害。

（2）电焊弧光引起电光性眼炎及皮肤的灼伤。

（3）机械性外伤、烫伤。

（4）高处作业时摔伤、砸伤。

（5）熔焊受压容器或可燃物容器时，可能发生爆炸。

（6）电弧、炽热物体和飞溅物，引起火灾。

（7）有害气体中毒。

（8）高温中暑及在容器内焊接时，造成窒息。

6.4.2.2　电焊作业造成电击的原因

在焊接工作中发生的电击事故，一般有以下几个原因：

（1）手或身体某部位接触到电焊条、焊钳或焊枪的带电部分，而脚或身体其他部分对地面或金属结构之间又未形成绝缘；若在金属容器内或阴雨潮湿的地方焊接时，易发生触电事故。

（2）手或身体某部位触碰到裸露而带电的接线头、接线柱、导线、极板或绝缘失效的电线时，可能触电。

（3）电焊变压器的一次绕组对二次绕组之间的绝缘损坏，手或身体某部位碰到二次线路的裸导体，而二次线路又缺乏保护接地或接零。

（4）利用厂房的金属结构、管道、轨道、天车吊钩或其他金属物体搭接作为焊接电路回线（或导线）。

（5）电焊机外壳漏电，而外壳又缺乏良好的保护接地或接零。电焊机外壳漏电的原因如下：

1）线圈受雨淋或受潮后绝缘损坏。

2）焊机超负荷使用或内部发热短路后，绝缘能力降低。电焊机的超负荷是指焊接工作频繁，持续时间过长，超过了规定的暂载率；使用粗大焊条，并长时间选用大电流焊接；二次线短路或焊条与焊件长时间频繁短路等。

3）电焊机因安装地点和方法不良而遭受震动、碰撞，使线圈或引线绝缘产生机械性损伤，以及破损的导线与铁芯或外壳相连等。

6.4.2.3 防止人体接触带电体应采取的措施

（1）隔离防护。电焊设备应设立良好的隔离防护装置，避免人与带电导体接触；伸出箱外的接线端应安装在防护罩内；有插销孔接头的电焊机，插销孔的导体应隐蔽在绝缘板平面之后；电焊机的电源线应设置在靠墙壁、不易接触的地方，其长度通常不应超过2～3m；如因临时需要使用较长的电源线时，应在距离地面2.5m以上的墙壁上使用瓷瓶隔离布设，不应将电源线拖于地面；各设备之间以及设备与墙壁之间，最少预留1m宽的通道。

（2）绝缘。电焊设备和线路带电导体，对地、对外壳之间，或相与相之间，线与线之间，应有良好绝缘；绝缘电阻不得少于1MΩ（在测量二次绕组与外壳之间的电阻时，应将二次端的接地线或接零线的接头暂时解开）；绝缘破坏不但会产生触电，而且会损坏电气设备。

为防止绝缘破坏应注意以下几点：

1）电焊机应在规定的电压下使用；每台电焊机的供电线路上，均应设置符合规定的熔断保险；旋转式直流电焊机应采用足够容量的磁力启动器来启动，不得用刀闸开关直接启动。

2）使用电焊机时，工作电流不得超过相应暂载率规定下的许可电流；电焊机运行时的温升不得超过额定温升。

3）电焊机电源接头和控制箱应保持清洁，做到停电清扫尘埃，避免电器发热损坏绝缘，尤其是对有腐蚀性和导电性的气体和尘埃设立隔离装置。

4）应防止电焊机受潮。安装在车间外部的电焊机，使用轻便的帐篷或其他防护装置铺盖密实，以防雨、雪、灰尘等落入电焊机内部，避免潮湿。对受潮的焊机，可使用人工干燥方法干燥；受潮严重的应进行整修。

5）注意保护电焊机手把软线的外皮绝缘，避免割伤烧损；软线中间的接头不得超过两处；外皮破损或变质时，应及时维修或更换。

（3）自动断电装置。在电焊机上安装自动断电装置，可以保证焊工在更换焊条时避免触电，这种装置使焊机引弧时电源开关自动合闸。停止焊接时，电源开关自动掉闸，不仅安全，而且能减少电能的损耗。

（4）加强个人防护。个人防护用具包括绝缘手套、绝缘套鞋、工作服及绝缘垫板等。

1）绝缘手套是电焊工防止触电的基本用具，应保持完好和干燥，其长度不得短于300mm，可使用较柔软的皮革或帆布制作。

2）电焊工在工作时，不得穿着带有铁钉的鞋或布鞋，因布鞋极易受潮而导电；在金属容器上工作时，电焊工必须穿绝缘套鞋；在积水、雨水场所工作的电焊工，应穿半高筒防水绝缘鞋。

3）在固定地点施焊时，应使用木制格状垫板；板条使用干燥木材制成，并且涂上油漆，板条之间的空隙不得超过25mm。

4）为保证操作人员安全，在接触漏电设备的金属外壳时，应采取下列措施：①保护接地；②保护接零。

6.4.2.4　引起焊接灼伤的原因

（1）违章操作开关产生的开关弧光。

（2）飞溅的金属熔滴。

（3）红热的焊条头。

（4）药皮熔渣和炽热的焊件。

6.4.2.5　焊接作业中的开关飞弧是怎样造成的

当焊接回路闭合（焊钳与地线相接）时合闸，或电弧正在燃烧时拉闸，均会产生开关飞弧，即开关的触点产生电弧，这种飞弧现象是很危险的。

6.4.2.6　怎样防止电焊灼伤

（1）完好的工作服等防护用具是保护焊工身体免受灼伤的必需品；为了避免飞溅的金属落入裤内致伤，短上衣不应塞在裤子里，同时裤脚应散开，工作服的口袋应覆盖，绝缘手套无破损。

（2）焊接电弧产生高温，用手套防护可以避免灼伤手臂；在使用大电流时，尤其是进行粗丝二氧化碳保护焊时，焊钳上应安装防护罩。

（3）在高处作业更换焊条时，严禁乱扔焊条头，以免红热的焊条头烫伤工作人员。

（4）为防止飞弧灼伤人体，合闸时应将焊钳悬挂起来或放置于绝缘板上，拉闸时必须先停止焊接；在焊接线路完全断开、没有电流的情况下操作开关。旋转式直流电焊机应使用磁力启动器启动，严禁直接采用刀闸开关启动。

（5）在预热焊件时，为避免灼伤，焊件的烧热部分应使用石棉板覆盖，露出需要焊接的部分。

（6）仰焊和横焊时飞溅严重，应加强个人防护。

（7）为防止灼热清渣的药皮烫伤眼睛，焊工应佩戴防护眼镜；防护眼镜应干净透明，不得妨碍视力。

6.4.3 怎样防止焊接作业机械性外伤

（1）工作中的电焊机不得拆卸或修理。

（2）电焊机的转动部分设置防护罩（盖）。

（3）焊接物件应放置平稳，形状特殊站立不稳定的物件应采用支架或电焊胎型固定牢固。

（4）焊接圆形易于滚动的物件，采用机械装置使工件自行转动，不得在天车吊转的焊件上施焊，以防砸伤或从工器件上跌落。

（5）焊接转胎的所有机械传动部分应配备防护罩。

（6）在机械车辆上进行工作时，应特别观察、收集呼唤信号，以免在试闸、动车时发生挤轧、摔伤事故。

（7）清铲焊件边角及氧化皮时，应佩戴护目镜。

（8）高处焊接时，须搭好跳板及脚手架，系好安全带；扶手软线应板扎在固定地点，不应缠绕在身上或搭在背上；在高处接近高压线或裸导线时，须待停电，并采取必要措施，经检查确认无触电可能时方可工作；高处作业不得使用高频引弧器，以防触电，失足摔伤。

（9）在攀登天车轨道上作业时，首先与天车司机取得联系，并设立防护装置，然后开展工作。

6.4.4　焊接作业如何防火防爆

（1）参加焊接、切割的作业人员，应经专业安全技术教育培训，考试合格并取得相关部门认可的特殊工种合格证后方可上岗。

（2）焊接前，须认真检查周围环境，发现附近有易燃易爆物品或其他危及安全的因素时，必须及时采取相应防护措施。

（3）在带有核动力的容器和管道，以及运行中的转动机械和带电设备上，严禁进行焊接工作。

（4）不得在储存汽油、煤油、挥发性油脂等易燃易爆物的容器上进行焊接。

（5）不允许直接在木板及木板地上进行焊接；如需焊接时，应用铁板将工作物垫起，并设置携带防火水桶，以防火花飞溅造成火灾。

（6）焊接管子时，将管子两端打开，不允许堵塞；管子两端不允许接触易燃易爆物或出现作业人员。

（7）焊完焊件后，将火熄灭，待焊件冷却，并确认未发生焦味和烟气后，焊工方能离开工作场所。在焊接后不一定立即发生火灾，有时需要经过一段时间的储备，工作人员切不可大意。工作结束后，使用的工作服及防护用具，应经检查确认无带火迹象时，再存放、保管。

（8）在锅炉内、管道中、井下、地坑及其他狭窄地点进行电焊时，须事先检查其内部是否有可燃气体及其他易燃易爆物；若存在，则应在消除易燃易爆物后，才允许焊接。

（9）任何受压容器，不允许在其内部气压大于大气压力的情况下焊修；使用电焊修理锅炉、储气筒、乙炔发生器及其管路时，须将其内部的蒸汽、压缩空气、乙炔全部排出。

（10）随时检查电焊机以及焊接电缆的绝缘是否良好；绝缘损坏时，应及时修复。

（11）电焊回路地线不应乱接乱搭。

（12）使用各种气瓶供气焊接时（如二氧化碳保护焊、氩弧焊等），应执行中华人民共和国劳动安全部门颁布的《气瓶安全技术监察规程》（TSG R0006—2014）。

（13）当必须采用电焊工艺修理盛过液体燃料的容器时，容器首先应经过仔细并刷洗和擦拭，彻底清除其内部的残余燃料；因为在电焊过程中金属会发热，即使存在少量的残余液体燃料，也将蒸发成蒸汽，蒸汽和空气混合后，可能引起强烈爆炸。清除残余燃料的方法有以下几种：

1）对于燃料容器，可用磷酸钠的水溶液仔细清洗，清洗时间为 15～20min；洗后，使用较强蒸汽再吹刷一遍。清洗使用的水溶液，每升应配备 80～120g 碱；如将水溶液加热到 60～80℃，则其清洗效果更好。

2）清洗盛装不溶于碱的矿物油容器时，水溶液中添加 2～3g 的水玻璃或肥皂。

3）汽油容器的清洗使用蒸汽吹刷，吹刷时间一般为 2～24h，根据容器体积大小决定；如容器不便清洗，可采用注水方法，把容器装满水，以减少可能产生爆炸混合气的空间，并使容器上部的口敞开与大气连通，防止焊接时容器内部压力增高。

6.4.5　焊接作业灭火方法

（1）乙炔胶管，若在使用中发生脱落、破裂或着火时，应首先将焊割炬火焰熄灭，然后停止供气；氧气皮管着火时，应先拧松减压器上的高调整螺杆或将氧气瓶的阀门关闭，停止供气。

（2）乙炔气瓶口着火时，立即关闭瓶阀，停止气体流出，立即熄灭火焰；氧气瓶着火时，应迅速关闭氧气阀门，停止供氧，使火自行熄灭；如气瓶库发生火灾或邻近发生火灾威胁气瓶库时，应采取安全措施，将气瓶移到安全场所。

（3）电石桶、电石库房等着火时，使用专用干砂、干粉灭火器和 CO_2 灭火器扑救，不得采取洒水或含有水的灭火器（如泡沫灭火器等）救火，严禁使用四氯化碳灭火器扑救。

（4）乙炔发生器着火时，应首先停止供气，之后采用二氧化碳灭火器或干粉灭火器扑救；不得使用洒水、泡沫或四氯化碳灭火器扑救。

（5）电焊机着火时，首先应拉闸断电，然后再灭火；在未断电以前，不得使用洒水或泡沫灭火器灭火。允许使用干粉灭火器、CO_2灭火器灭火。

（6）一般可燃物着火采用酸碱灭火器扑灭。

6.5　油漆作业安全和防护

6.5.1　油漆的存放及保管

（1）各类油漆和其他易燃、有毒材料应存放于专用库房内；各种材料须分类堆放，并设置材料名称、型号、种类标志牌；易燃物品与非易燃物品、有毒物品与无毒物品，应分开堆放，并设置有毒、易燃等标志牌。

（2）油漆库房的安全要求如下：

1）油漆库房不应设置在高压线下方及明火火源、重要建筑物附近。

2）油漆库房内应设置对流气窗、排风扇等排气装置。

3）库房内的照明灯具应采用防爆灯具；电源开关、闸刀等应设置在库房外的专用电源箱内。

4）油漆库房周围应设置醒目的"严禁烟火"警示牌。

5）油漆库房周围设置安全避雷装置，配备足够数量的消防灭火器材。

（3）油漆库房内，不得大量存放大容器150kg包装的油漆和其他稀释溶剂。

（4）易挥发的油漆和各种溶剂，应装入小口桶（箱）内，旋紧盖口；盖口周围采用油灰封闭，减少挥发。

6.5.2　油漆作业工具使用安全

1. 台梯

（1）油漆工使用的攀登作业工具以台梯为主；台梯分铝制和木

制两种，使用时应注意安全事项。

（2）台梯应四脚落地，摆放平稳，避免摇晃。

（3）台梯摆放于光滑地面时，四脚应安装防滑钉或设置防滑橡皮垫。

（4）台梯上搭铺脚手板，应平铺、牢固、稳定；在脚手板上走动时，应保持身体的重心垂直；同一块脚手板上，不得同时站立两名工作人员。

（5）台梯铰轴处不允许站立工作人员，不允许搭铺脚手板，以免铰轴转动，发生人员坠落事故。

（6）台梯应随时检查，发现弯形、开裂、腐朽、榫头松动等现象时，不得使用。

2. 喷灯

（1）使用喷灯前，应首先检查开关及零部件是否完好，喷嘴是否畅通。

（2）喷灯加油时，不得超过允许值；每次打气不得过足，喷灯连续使用的时间不得过长。

（3）点火时，应选择在空旷处，喷嘴不得正对任何人员；开关应由小到大，防止往外溢油，避免灯身着火；出现故障时，须立即熄灭灯火，再进行修理。

3. 电动工具

（1）所有电动工具，均应由专人保管、保养，使用时应由专职电工接线、配备漏电保护器和做好保护接零、接地。

（2）压力气罐须经检查、检验合格后，才允许使用；使用过程中，应按规定的使用时间进行复检。做好日常检查，预防因锈蚀而降低耐压能力。

（3）在使用过程中，若喷枪或喷浆机喷嘴堵塞，疏通时喷嘴不得正准工作人员或施工人员。

6.5.3　油漆作业的安全防护

（1）使用煤油、汽油、松香水、香蕉水等易燃物调配时，应配备防护用品，同时不允许吸烟。

（2）沾染油漆或稀释剂的棉纱、破布等杂物，应集中存放在金属箱或铁桶内；无法使用时，再集中销毁或使用碱性溶液洗净，以备重复使用。

（3）使用钢丝刷、板锉、气动或电动工具清除铁锈或铁鳞时，须戴口罩或防毒面具。

（4）刷涂耐酸、耐腐蚀的过氯乙烯涂料时，由于气味难闻，且有毒性，作业时须戴防毒面具；每间隔 1 小时到室外活动 1 次，工作场所应保持良好的通风。

（5）油漆窗户时，严禁站立窗栏上操作，以防栏杆折断；涂刷封沿板或水落管时，应利用建筑外脚手架或专用脚手架进行作业。

（6）涂刷坡度大于 25°的铁皮层面时，应设置活动跳板、防护栏杆和张挂安全网。

（7）夜间作业时，照明灯具应采用防爆灯具；涂刷大面积场地时，室内照明或电气设备须按照国家防爆等级规定设置。

（8）在室内或容器中喷涂时，须保证良好的通风；金属容器应设置接地保护装置；每间隔 2 个小时，作业人员应到室外、容器外换吸新鲜空气。

（9）喷涂对人体有害的油漆涂料时，作业人员须戴防毒口罩；如对眼睛有害时，作业人员须戴封闭护目镜。

（10）喷涂硝基漆和其他易发挥、易燃性溶剂时，不允许使用明火或吸烟。

（11）喷涂过程中，若发现喷涂不均匀时，严禁正对喷嘴察看，应调整出气嘴与出漆嘴之间的距离，排除故障。通常情况下，在施工前，使用清水试喷，确认正常工作后，开始喷涂作业。

（12）无论是手工还是机械喷涂，作业人员在施工中，出现头痛、恶心、心悸等不适情况时，应立即停止作业，移至通风处换气；若仍感不适，应立即进入医院救治。

第7章

意 外 事 故 救 护

发生意外事故和出现火灾时，应立即启动救护程序，保护现场，立即报警，采取有效措施，防止事态扩大，避免造成更大的人员伤害和财产损失。

7.1 意外事故的救护程序

在工程实施过程中突然发生事故时，现场的所有人员须保持沉着冷静，并及时采取以下措施：

（1）迅速切断电源；与事故有关的所有机械设备，立即停止运转。

（2）立即向上级有关部门汇报，报告事故的简单情况。

（3）救出事故受害者，在采取急救措施的同时与有关部门联系救护。

（4）疏散和转移事故发生地的人员、物质、设备等，尽最大可能地减少生命财产损失。

（5）迅速开展现场检查，防止事故的扩大和二次事故的发生。

（6）疏导现场受害人和其他作业人员的情绪，保持现场稳定。

（7）妥善保护现场，配合事故调查。

7.2 火灾事故的扑救程序

在水利工程施工现场发生火灾事故时，应做到准确报警、正确扑救、安全撤离。

（1）任何人在任何地方发现火灾时，均应立即报警。

（2）发生火灾的单位，须立即组织力量进行火灾扑救，救助遇险人员，排除险情。

（3）火场总指挥，根据扑救火灾的需要，决定下列事项：

1）使用各种水源。

2）截断电力、可燃气体、液体的输送，限制用火用电。

3）划定警戒区，实行局部交通管制。

4）利用邻近建筑物和有关设施避险。

5）为防止火灾蔓延，拆除或者破损毗邻火场的建筑物、构筑物等。

6）调动供水、供电、医疗救护、交通运输等有关单位资源，协助灭火救助。

（4）转移受害人员、设备和易燃易爆物品。

（5）保护好现场，配合事故的调查。

第8章

自然灾害防范措施

8.1 防洪和防气象灾害措施

在水利工程混凝土施工现场，应重视防洪工作。汛期前，针对每个单位所处施工区域具体情况，为预防淹没厂房、泵房、生产场所、生活营地，应采取可靠的防范措施；特别是地处河流附近低洼地区、水库下游地区、河谷地区的生产及生活区的建筑物，应切实做好预防洪水、滑坡、泥石流等的各项准备。

（1）汛期前，监督机构成立防汛抗洪领导小组，现场项目部成立相应的组织机构；总指挥部防汛抗洪领导小组统一指挥，相关单位积极参与抗洪救灾，确保安全度汛。

（2）汛期前，督促施工单位购买防洪物资、材料，如草袋、麻袋、铁锹、雨衣等；监督机构防汛抗洪领导小组，督促检查落实。

（3）做好汛期洪水预测、预报工作，及时收集信息，准确掌握水情。

（4）汛期应安排值班；制定值班制度，形成值班记录，按时向防洪度汛领导小组办公室汇报情况。如遇险情或特殊情况，立即报告。

（5）结合工程施工特点，切实做好工程施工现场及各施工点的防洪工作。

（6）及时组织清理和疏通工程区及生活区的防洪排水沟。

（7）对屋顶积灰严重的房屋，应及时组织清理，防止雨水压塌屋顶。

136

（8）对不稳定的边坡，应会同设计和相关单位及时进行处理。

（9）对不稳定的山体、可能的滑坡体、可能导致泥石流倾向的山坡等，均应采取预防措施。

（10）若遇冰雹和雷雨天气，所有人员均应及时进入安全地带，防止因冰雹、雷击袭击而发生伤亡事故。

（11）施工人员应按规定穿戴个人防护用品，预防各种伤害发生。

8.2　信号和警告知识

信号即信号装置，警告即危险标志。信号装置与警告牌均为预防安全事故的有效措施，是预防作业人员和其他相关人员受伤害的一种安全防范措施，起提示和警告人们引起注意，表明危险，或提示警示的作用，出现危险因素时，发出信号，给人以警觉，以便及时采取安全措施。

（1）信号装置：利用各种方式发出信号，使操作人员了解设备运行情况，或提示相关关人员注意。常用的信号装置有音响、灯光、颜色等信号装置和指示液体压力、温度等各种变通仪表信息；主要的压力及温度信号装置有：电气设备上表示通电、断电的红信号和绿信号指示灯；起重运输设备的电铃、喇叭、变幅指示器和采暖锅炉的最高、最低水位，压力表、安全门等。

在施工现场，有时将危险因素转变为电信号，再送往控制中心报警和记录；控制中心发出警示信号，通过各种安全装置，消除危险因素。也有的信号和报警装置，除能够将危险因素转变为电信号外，还能启动现场的安全装置，消除危险因素。

危险因素种类繁多，有电气方面的危险因素（如与带电体距离过近、电磁场过强），有火灾和爆炸方面的危险因素（如爆炸性气体或粉尘浓度过高、压力过大），有机械方面的危险因素（如载荷过重、速度过高），有工业卫生方面的危险因素（如有毒气体浓度过高、温度过高）等。为了监视或消除这些危险因素，防止事故的发生，可采用各种形式的信号和报警装置。因此，信号和报警装置的种类较多，应区别使用。

（2）安全色与安全标志见表 8.1 和图 8.1。

表 8.1　　　　　　　　　　安全色与安全标志

颜色	含义	用　途　举　例
红色	禁止	禁止标志：工程施工、交通所用的禁止标志 停止信号：机械、车辆上的紧急停止手柄或按钮以及严禁人们触动的位置
		红色也表示火
蓝色	指令：必须遵守的规定	指令标志：必须佩戴个人防护用具，道路上指导车辆和行人行驶方向的指令
黄色	警告注意	警告、警戒标志：危险区所设立的标志，警戒线与行车道的中线等
绿色	提示：安全状态通行	提示标志：车间、厂房、公共场所安全通道行人和车辆通行标志；消防设备和其他安全防护设备的位置

图 8.1　安全色与安全标志

为使人们正确判断各种情况，遵守相关安全规定，国家颁布了统一的"安全色与安全标志"。例如：施工中经常遇到的氩气、氢气、氮气、氧气、乙炔以及空气管道等，分别涂以不同的颜色加以区别；施工现场交通安全指示牌以及危险处所，悬挂的各种安全标志，如"高压危险""有人工作""禁止合闸""严禁油脂""严禁烟火""戴安全帽""拴牢安全带""注意钉子扎脚""严防高处落物"等。

参 考 文 献

[1] 水利水电工程施工通用安全技术规程：SL 398—2007 [S]. 北京：中国水利水电出版社，2007.

[2] 水利水电工程施工安全管理导则：SL 721—2015 [S]. 北京：中国水利水电出版社，2015.

[3] 《水利工程建设标准强制性条文》编制组. 水利工程建设标准强制性条文 [M]. 北京：中国水利水电出版社，2020.

[4] 水利安全生产标准化通用规范：SL/T 789—2019 [S]. 北京：中国水利水电出版社，2019.

[5] 傅鹤林. 隧道安全施工技术手册 [M]. 北京：人民交通出版社，2010.

[6] 包宇. 输水隧洞施工中主要危险源及处理措施 [J]. 吉林水利，2019 (2)：41-42.

[7] 钮新强，张传健. 复杂地质条件下跨流域调水超长深埋隧洞建设需研究的关键技术问题 [J]. 隧道建设，2019 (4)：523-532.

[8] 朱忠荣，李新哲，陈述. 引水工程深埋长隧洞施工中通风特性数值模拟 [J]. 哈尔滨工程大学学报，2019 (7)：1304-1310.

[9] 李丰现. 水电站引水隧洞开挖与支护的施工技术 [J]. 工程技术研究，2019 (5)：86-87.